전기로개론

FURNACE & KILN INTRODUCTION

전기로개론

FURNACE & KILN INTRODUCTION

박도성, 양상우 저

저항가열의 대표적인 장치라 할 수 있는 전기로는 매우 정밀하고 높은 온도의 열처리가 가능하기 때문에 자동차를 필두로 하여 각종 기계부품, 신소재 및 공업재료의 열처리, 가공 process에 폭넓게 이용되고 있다. 또한 최근에는 대체연료전지 분야 및 반도체 제조업에 없어서는 안 될 중요한 장치가 되었다.

머리말

선진공업국의 산업환경은 고도 기술화, 정보화를 지향하고 있으며 양에서 질적으로의 전환기로, 주요한 장치산업의 하나인 새로운 전기가열기술의 관심이 국내는 물론 국제적으로도 높아지고 있다.

최근 통계에 따르면 전열수요는 전 전력 사용량의 약 11%에 달하여 왔고 그의 36%가 공업용 전력이 차지하고 있다. 이 같은 추세는 국내 산업 기술의 동향으로 추측해보건대 이후에도 계속 증가할 것으로 예상된다.

이중에서도 전기로가 공업전열 수요의 주체가 되어 왔으며 2000년대 초 전기로의 생산추이를 보면 그 26.5%를 전기로(저항로)가 차지하고 있다.

저항가열의 대표적인 장치라 할 수 있는 전기로(저항로)는 매우 정밀하고 높은 온도의 열처리가 가능하기 때문에 자동차를 필두로 하여 각종 기계부품, 신소재 및 공업재료의 열처리, 가공 process에 폭넓게 이용되고, 최근에는 대체연료전지 분야 및 반도체 제조업에는 없어서는 안 될 중요한 장치가 되었으며, 또한 부가가치가 높아 점점 더 중요한 위치를 차지하게 되었다.

이렇듯이 전기로(저항가열로)는 수요 분야가 매우 광범위하며 이후에도 에너지 유효이용과 생산원단위 향상에도 큰 비중을 차지할 것으로 기대되고 있다.

이러한 저항로의 응용에도 불구하고, 국내에서는 아직도 저항로와 관련된 그 어떠한 자료도 공개된 것이 없다. 그 이유는 90년도 초까지만 하여도 저항로의 약 90% 이상을 해외에서 수입하여 왔기 때문이다.

따라서 저자는 저항로의 효과적인 활용을 위하여 이 책에 장치의 개요 및 종류별 특성과 적당한 선택, 그리고 효율적인 사용방법 등 그 요점을 설명하였다.

2014. 2
저자 박도성

Contents

01

저항가열(抵抗加熱)이란?

01 저항가열(抵抗加熱)이란?

1.1 저항가열의 원리

우선, 저항가열로(電氣爐)의 특징을 알기 위해서는 전기가 하는 일을 이해하여야 한다. 전압을 가하고 전류가 흐르게 되면 전기는 여러 가지 일을 한다. 이러한 전류의 작용을 크게 나누면 전류가 흐르면서 발생하는 **열작용**, 전기가 분해되는 **화학작용**, 그리고 흐르는 전류 주변에 발생하는 **자기작용** 등 세 가지로 구분되고 그 응용범위도 다양하나 여기서는 전류의 열작용에 대해서만 살펴보기로 한다.

1.1.1 전류의 열작용

전류의 흐름에 의해서 발생하는 열을 이용한 전기기구는 우리생활 주변에서 쉽게 찾아볼 수 있다. 그 예로, 부엌의 토스터기 및 백열전등, 전기다리미와 같이 실생활과 관련된 것을 비롯하여 전기보일러 및 난방기 그리고 산업현장에서 쓰이는 용접기 등 수없이 많다.

그러면 이 열은 어떻게 발생하는 것일까? 우리는 물질을 마찰하면 발열하여 뜨겁게 되는 것을 알 수 있다. 즉, 이것은 우리가 마찰하기 위해서 준 '일'이 '열'로 변환되었기 때문이다.

전류가 발생하는 열도 마찬가지이다. 물질 가운데를 전자가 지나갈 때, 전자는 전압에 의해서 분자나 원자 사이를 뚫고 지나 일정한 방향으로 이동하게 된다. 이때 전자는 마찰력을 받아서 에너지, 즉 전력량을 소비하게 되며 이 소비 에너지가 '열'로 바뀌는 것이다. 따라서 전류가 저항을 지날 때는 그 소비하는 전력량이 모두 열로 바뀐다고 보면 된다. 이 같은 열의 발생에는 'Joul의 법칙'이라는 전열과 관련된 중요한 법칙이 있다.

예로, R(Ω)의 저항에 I(A)의 전류가 흘렀다고 하면 I^2RT의 전력량을 소비하게 된다. 즉, 저항에서 소비한 전력량은 전부 열로 바뀌고 일정 시간 내에 발생되는 열은 전류의 2승과 저항의 적에 비례한다.

다시 말해, Joul의 법칙이란 단위시간(1초)당 발생하는 열 P(W)를 도체의 저항 R(Ω)과 그 도체에 흐르는 전류 I(A)에 대한 법칙으로 공식은 아래와 같다.

$$W = I^2RT$$

전기공학에서는 이 주울을 열량의 단위로 사용하는 경우가 많은데, 열량의 단위로서는 cal(칼로리)를 사용한다.

$$1\text{Joul} = 0.239\text{cal}$$

따라서 이 단위를 사용한 열량을 Hc라고 하면, $Hc = 0.24I^2RT(\text{cal})$로 계산할 수 있다. 또한 가해지는 전압(v)이 일정할 경우 열량 Hc는 다음 식으로도 표시된다.

$$He = 0.24 \times V/R \times t(\text{cal})$$

열량을 생각할 때 주울(Joul)이란 단위는 매우 작으므로, 여기서는 전기로에서 많이 사용하고 있는 1kW의 전력량이 열로 발생되는 열량을 살펴보기로 하자.

$$1\text{Wh} = 3,600\text{J}$$
$$1\text{J} = 0.239\text{cal}$$

따라서 $1kW = 0.239 \times 3600 \times 1000 = 860(kcal)$가 되고, 이 관계는 전열을 이용하여 열량을 계산하는 여러 가지 경우에 이용된다. 즉, 저항치 R을 가지는 전기도체에 의해 860P(cal/h)에 상당하는 열이 발생하고, 도체는 가열됨과 동시에 주위의 물체를 방사, 전도, 대류의 전열형태에 의해 가열시킨다.

이것을 저항가열이라 부르며, 이것을 이용한 공업가열장치의 대표적인 것이 전기로(Electric Furnace)이다.

☝ 그럼 예로 몇 가지 공식을 상기 식에 의해 구해보기로 하자.

예 1) 3(Ω)의 저항에 7(A)의 전류를 5분간 흘렸을 때 발생하는 열량을 칼로리(kcal)로 산출하여 보자.

$$H = I^2 RT = 7^2 \times 3 \times 5 \times 60 = 44,100(J)$$

따라서 1Joul은 0.230cal이므로 $0.239 \times 44100 = 10,536cal = 10.54kcal$이다.

예 2) 600W의 전열기를 30분간 사용했을 때 발생되는 열량을 산출하여 보자.
전력량은 전력 × 시간을 의미하는 것으로 $600W \times 0.5hr = 0.3kW$, 그리고 1kW는 860kcal이므로 열량 $Hc = 0.3 \times 860 = 258$이 된다.

1.1.2 표면부하밀도

변압기에 의해 가열도체의 단자전압을 높이면 전력 P는 그에 따라 커지고 도체는 빛을 발생하고 고온이 되며 산화반응, 변형, 용융을 거쳐 끊어지게 되므로 가열체의 역할을 못 하게 된다. 이와 같이 도체를 가열하므로 부가되는 전력 P는 그 도체의 성질(용융, 경화점, 공기 또는 분위기에서의 반응도 등)과 가열온도와 관계가 있다는 것을 알 수 있다.
이렇듯 도체에서 발생되는 Joul열 P는 원래 도체 자신의 가열(온도 상승)에 소비를 하지만, 최종적으로는 도체 표면에서 주위를 향해 열을 방산한다. 그래서 발생하는 Joul열을 도체의 표면에서 뺀 값, 즉 단위 면적만의 전력을 표면부하밀도(W/cm^2)라고 하며, 이러한 표면밀도의 결정은 주위의 온도, 분위기 그리고 발열체의 조성 및 설치 방법 등에 의해 형성된다.

$$표면부하 \ 밀도(W/cm^2) = \frac{W(전기용량)}{\pi \cdot D(가열도체의\ 외경) \cdot L(가열도체\ 발열부의\ 길이)}$$

1.1.3 발열량

발열량이란 전기에너지를 열에너지로 변환할 때 사용하는 것으로 소비전력이라 불리는 동력의 단위이다. 보통은 전력량 혹은 kWh(kW = 860kcal)로 표현되며 저항가열로 제작에 있어 중요 사항 중의 하나이므로 계략적으로 알아보기로 하자.

(1) 발열량과 전류, 전압과의 관계

전류와 발열량의 관계를 알아보기 위해서, 예로 굵은 Ni-Cr 선과 가는 Ni-Cr 선을 각 저항에 걸리는 전압을 같게 하고 전류의 세기만 다르게 하기 위하여 각각의 저항을 병렬로 연결 하였을 때 아래와 같은 결과를 볼 수 있다.

	저항(Ω)	전압(V)	전류(A)	발열량
굵은 Ni-Cr 선	작다	같다	크다	많다
가는 Ni-Cr 선	크다	같다	작다	적다

즉, 상기 결과에서 볼 수 있듯이 '전압이 일정할 경우 발열량은 전류에 비례한다'는 것을 알 수 있다.

다음은 발열량과 전압의 관계를 알아보자.

역시 굵은 Ni-Cr 선과 가는 Ni-Cr 선을 각 저항에 걸리는 전류의 세기를 같게 하고 전압의 크기만 다르게 하기 위하여 각각의 저항을 직렬로 연결하면 다음과 같다.

	저항(Ω)	전압(V)	전류(A)	발열량
굵은 Ni-Cr 선	작다	다르다	작다	적다
가는 Ni-Cr 선	크다	다르다	크다	많다

즉, 발열량은 '전류가 일정할 때 전압에 비례한다'는 것을 알 수 있다.

이를 종합하여 보면 발열량은 전압이 일정할 때는 전류에 비례하며 전류가 일정할 때는 전압에 비례하다는 것을 알 수 있다.

1.2 전기저항의 성질

1.2.1 저항이란

저항이란 한 마디로 전기의 흐름을 방해하는 것, 전기가 잘 흐르지 못하게 하는 것이라 볼 수 있다. 물질은 자유전자의 이동에 따라 전기적인 성질을 가진다. 자유전자가 그 물질을 통과할 때 물질을 구성하고 있는 원자에 의해 흐름을 방해받게 되는데 이를 저항이라고 할 수 있으며, 전자의 이동이 전류라고 할 때 전류의 흐름을 억제하는 기능을 가지고 있는 것이다. 전류의 흐름을 어느 정도 억제하는가에 따라 크게 부도체, 반도체, 도체로 나눌 수도 있고 저항 값이 크다 또는 작다고도 할 수 있다.

어떤 물질 내부에 자유전자가 이동하게 되면 전자(電子: Electron)는 전기적 성질을 갖기 때문에 전류의 흐름이 된다. 즉, 전류는 단위시간당 이동하는 전자의 수에 따르는데, 1초 동안에 $6.28 \times 10E+18$개의 전자가 이동하면 1암페어(Ampere)가 흐른다고 하며 기호로는 1A로 표시된다. 그런데 물질 내부에는 그 물질을 구성하는 원자가 있으므로 결국 이 자유전자들은 이 원자들 틈새를 이동해야 하므로 이동하는 데 방해를 받는다. 이렇게 전자의 이동을 방해하는 성질을 저항(Resistance)이라고 한다. 그러므로 물질의 전기저항은 다음의 4가지 요소에 따라 달라진다(물질의 종류, 전선의 단면적, 전선의 길이, 온도).

모든 물질은 그 구성원자의 구조가 다르므로 물질에 따라 자유전자가 이동하는 틈새를 다르게 한다. 그러므로 같은 수의 전자가 투입되어도 이동할 수 있는 틈새가 다르므로 단위시간당 통과할 수 있는 전자의 숫자는 달라진다. 또 같은 물질이라도 단면적이 클수록 이동할 수 있는 틈새공간은 넓어진다. 통과해야 할 길이가 긴 경우에는 시작단에서 끝단까지 통과하는 데 시간이 많이 걸리고, 이에 따라 단위시간당 통과하는 데 어려움이 있다. 그러므로 전기저항을 나타내는 식은 다음과 같다.

$$물질의\ 저항 = \frac{물질의\ 종류에\ 따르는\ 상수 \times 길이}{단면적}$$

또, 대부분의 물질은 온도가 높아지면 원자가 활발하게 운동한다. 그러므로 자유전자가 이동할 때는 원자의 활발한 움직임 때문에 이동이 방해를 받게 되는데, 이 원인 때문에 대체로 물질의 전기저항은 온도가 높아질수록 전기저항이 증가한다.

1.2.2 오옴(Ω)의 법칙

먼저 전기저항을 알기 위해서 물에 비유해본다면, 물이 파이프를 흐를 때 여기에 마찰저항이 있기 때문에 가는 쪽보다는 굵은 쪽이 많이 흐르고, 같은 굵기라도 긴 것은 수류가 적게 된다. 전기의 경우도 이와 같아서 전기도체에도 전류의 흐름을 방해하는 작용이 있고 도체의 종류나 굵기, 그리고 길이에 따라서도 다르다. 이와 같이 전류의 흐름을 방해하는 저항 작용을 전기저항 또는 간단히 저항이라고 하며 단위로는 오옴(Ω)이라는 것을 사용한다.

저항은 전압(V), 전류(I)와 함께 전기에서 가장 기본이 되는 단위이며, 이들 사이에는 유명한 오옴의 법칙이 성립한다. 즉, 전기회로에 흐르는 전류는 회로에 가한 전압에 비례하고 저항에 반비례한다. 이것을 식으로 표시하면 $I = V/R$이 되고 이 공식은 Joul의 법칙과 같이 전기로 제작에서 필수공식이기도 하다.

1.2.3 도체와 절연체, 저항체

은이나 구리, 알루미늄과 같은 금속 종류는 비교적 자유전자가 쉽게 이동할 수 있는 물질이기 때문에 전기저항이 매우 적은 값이다. 이러한 물질을 도체(Conductor)라 하며 전선 종류로 많이 사용된다. 이에 비해 유리, 사기, 종이, 플라스틱, 고무, 비닐 종류는 자유전자를 거의 이동시킬 수 없기 때문에 부도체 또는 절연체(Insulator)라 하며 주로 전기절연재료로 사용된다.

도체 내부에 자유전자가 이동할 때 일부 전자는 원자 등과 부딪혀서 운동에너지의 일부가 빛이나 열로서 방출하게 된다. 이렇게 발생되는 열을 주울(Joule)열이라고 하며, 그 크기는 흐르는 전류의 제곱과 저항의 크기에 비례한다.

$$(주울열) = (전류의 제곱) \times (저항)$$

전기로 열을 발생하는 전기난로나 전기다리미, 전기온풍기 등은 저항이 어느 정도 있고 자체가 높은 저항에 견디어야 한다. 그러므로 이러한 저항체는 니크롬선(니켈과 크롬의 합금선)이 사용된다. 또한 열과 함께 빛이 잘 발생되도록 한 것의 예로서 백열전구를 들 수 있다. 전구의 필라멘트 재료로는 텅스텐이 사용되는데, 이것은 쉽게 열화되지 않으면서 고온에 견딜 수 있다. 그러나 송전선과 같은 대용량의 전기를 수송할 목적의 전선은 주울열(Joul's Heat)이 적을수록 손실이 적으므로 구리나 알루미늄선이 주로 사용된다.

1.2.4 각종 금속의 전기적 특성

재료	저항 값(Resistivity) micro ohm/inches	전도율(Conductivity) micro mhos/cm
Aluminum(99% Pure)	2.7	0.50
Aluminum Bronze	13	0.14
Antimony	39	0.04
Barium	50	-
Beryllium	5.9	0.39
Beryllium Copper	8.3	0.20
Bismuth	115	0.02
Brass(60/40)	7.0	0.28
Brass(80/20)	5.4	0.33
Cadmium	7.6	0.22

재료	저항 값(Resistivity) micro ohm/inches	전도율(Conductivity) micro mhos/cm
Calcium	3.4	—
Chromium	13	0.16
Cobalt	6	0.17
Copper	1.7	0.94
Cupro-Nickel(30% Ni)	40	0.07
Gallium	54	—
Germanium	89,000	0.14
Gold	2.4	0.71
Inconel	98	0.03
Indium	9	0.04
Iridium	5.5	0.14
Iron	9.7	0.19
Lanthanum	59	
Lead	21	0.08
Lithium	8.5	0.17
Magnesium	4.5	0.38
Manganese	5	
Mercury	96	0.02
Nickel	9	0.14
Nickel Silver(18% Ni)	30	0.07
Nichrome	110	0.038
Niobium 75	100~110	0.03
Palladium	11	0.16
Phosphor Bronze	9.5	0.19
Platinum	12	0.17
Rhodium	4.9	0.21
Silicon	85,000	0.20
Silver	1.6	0.97
18Cr-8Ni Stainless Steel	70	0.045
Steel	17	0.12
Thallium	18	0.093
Tantalum	15.5	0.13
Titanium	80	

1.3 전기로(저항가열로)의 특징 및 구성

저항가열은 다른 가열방식, 즉 연소나 유도가열등과는 다르게 공해가 없으며 원리적으로 장치가 간단하다. 다음과 같은 특징을 갖고 있으므로 실험 연구소는 물론 제품의 생산현장 그리고 Clean Room 및 첨단산업계 등에서 상당량을 사용하고 있다.

1.3.1 저항가열로의 특징

(1) 깨끗한 열원
깨끗한 환경을 보존시키며 소음 발생이 없다.

(2) 특별한 전원 장치가 필요 없음
상용주파수(50, 60Hz)의 교류전원을 그대로 장치에 입력해서 사용하므로 특별한 전원장치가 필요 없다.

(3) 온도 이용범위가 넓음
저항발열체의 선택에 따라 저·중온에서부터 3,000℃ 전후의 초고온까지 광범위하게 열원을 이용할 수 있다.

(4) 에너지 관리의 용이성
가열에너지를 직접전력으로 쉽게 계측할 수 있으므로 에너지 관리의 용이성이 있다.

(5) 열효율이 높음
가열효율이 높아 타 가열방식에 비해 열효율이 높은 장점이 있다.

(6) 고정밀도의 온도관리
제어기구가 전부 전기전자 방식으로 구성되므로 극도의 정밀도로 온도를 제어할 수 있다.

특히, 최근 들어 중앙 집중 제어 방식을 도입하여 다량의 전기로를 생산 현장과는 별도의 장소에서 온도 및 분위기 등을 제어할 수 있어 작업인원 및 시간의 절감은 물론 장비의 안전 현황까지 쉽게 점검할 수 있다.

(7) 분위기 제어가 용이함

고온 가열 중의 분위기에 대기상태에서 뿐만이 아니라 저항로의 구조 변경을 통해 각종 분위기 가스 또는 진공 등을 이용할 수 있어 다양한 분야의 소재 연구에 사용될 수 있다.

(8) 안전성

전기전자방식으로 구성되어 있어 장치의 취급이 용이하며 안전성이 높다.

1.3.2 저항가열로의 구성

전기로의 구성은 가열장치의 종류가 어떠한 형태인지에 따라 약간의 차이는 있으나 그 기본적인 개요는 그림 1-1과 같으며 주요 부품 구성(부품 구성별 특징은 제3장 전기로 구성에 필요한 소재별 특징 및 용도편에서 상세히 기술됨)은 다음과 같다.

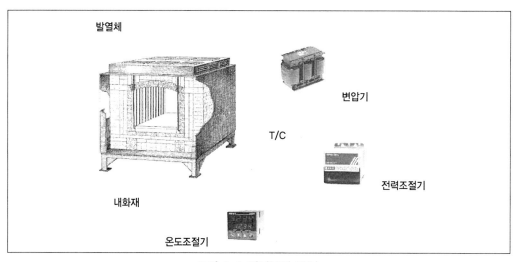

그림 1-1 전기로의 구성

(1) 발열체(Heating Elements)

로(爐) 발열의 근원이 되는 것으로 금속과 비금속 발열체로 나누어지며 사용용도 및 분위기에 따라 발열체의 종류가 결정된다.

① 금속 발열체
- 순금속 발열체: Molybdenum, Tungsten, Platinum, Tantalum 외
- 합금 발열체: Fe-Cr, Ni-Cr, Fe-Cr-Al

② 비금속 발열체
- 고온용: Silicon Carbide(탄화규소), $MoSi_2$, 란탄크로마이트
- 초고온용: Graphite, 지르코니아

(2) 내화재(Refractory - Insulation)

발열체에서 발열된 열(熱)을 단열시키고 내부의 열손실을 최소화시키는 소재로 가열로(加熱爐)의 발열 온도에 따라 내화 연와 및 Ceramic Fiber Board, Ceramic Blanket 및 Wool 등 다양한 종류가 있다.

(3) 온도 감지기(Temperature Sensor)

로 내부의 온도를 검출하는 장치로 접촉식과 비접촉식으로 나누어지며 발열 온도에 따라 다양한 종류가 있다.

① 접촉식: 열전대식 온도 감지기(Thermocouple)
② 비접촉식: Radiation Pyrometer

(4) 온도 및 전력제어장치(Temperature & Power Control Instrument)

온도 제어 방식에는 여러 가지 원리가 응용되고 있으며, 일반적으로 온도 감지기를 통해 얻어진 온도의 변화량을 기준으로 전력의 가감을 조절하는 장치로 보통 검출부 및 조작부 2가지의 기구로 나누어진다.

(5) 전원(Electric)

1차 전원은 3상, 사용 주파수(50Hz, 60Hz)의 220V 또는 380V가 보통이나 장치의 정격에 따라 전압을 변화시키는 경우도 있다.

(6) 기타

기타 구성요소는 피열물의 사용용도 및 가열로의 형식에 따라 광범위한 소재의 선택이 필요하다. 피열물의 적재장치 또는 운송기구 / 로 심관(Muffle, Retort) / 냉각장치 분위기 제어기구 / Circulation Fan 또는 Blower / 기타 Motor 외 구동장치 등

1.3.3 저항가열 방식

저항가열 방식에는 크게 직접저항가열 방식과 간접저항가열 방식의 두 가지로 분류되며 특성은 다음과 같다.

(1) 직접저항가열 방식

피가열물이 도전성이 있는 경우 이 피열물에 전극을 연결시켜 직접 충전 가열하는 방식으로 이 경우는 전류통로가 도체 전체가 되기 때문에 내부에서도 균일한 가열이 가능하고, 또한 가열이 피열물에만 한정이 되므로 효율이 높은 가열 방식이다.

예를 들어 용융염 및 Carbide 등은 상온에서는 저항 값이 커도 고온이 되면 도전성으로 변하므로, 적당한 방법으로 예열시켜 도전성을 갖게 하여 직접 통전할 수 있도록 바꾸어줌으로써 효율적인 가열 효과를 얻을 수 있다.

이러한 가열방식을 직접저항가열 방식이라 하고 동선의 소순장치에 주로 사용되고 있으며, 이것을 이용한 공업용 爐는 흑연화로, 탄화규소 제조로 등이 있다.

(2) 간접저항가열 방식

현재 국내 산업 전 분야에서 사용되고 있는 전기로의 90% 이상이 간접저항가열 방식으로, 특징은 다음과 같다.

① 어떤 형태 및 성질의 피열물이라도 균일한 가열이 가능하다.

② 대량 일괄 처리가 가능하다.

③ 우수한 온도 제어가 가능하며 피열물의 적재 방법에 따라 균일한 온도 정밀도를 취할 수 있다.

④ 분위기 사용 시 제어가 용이하며 안정성이 높다.

⑤ 피가열물의 형태 및 중량감, 그리고 온도 및 분위기 조건에 따라 다양한 爐의 형식을 취할 수 있다.

⑥ 일괄 process의 연결 가열이 가능하다.

02

전기로(저항가열로) 구성에
필요한 소재별 특징 및 용도

02 전기로(저항가열로) 구성에 필요한 소재별 특징 및 용도

2.1 발열체(發熱體, HEATING ELEMENTS)

발열체는 열원이 전기인 간접식 저항가열에서 가장 중요한 재료로서, 사용 목적에 따라 여러 가지 조건을 만족하게 하여야 하며, 그 저항재료로서 일반적으로 요구되는 사항을 제시하면 다음과 같다.

- 고유저항이 클 것
- 용융 또는 연화하는 온도가 높을 것
- 고온에서도 화학적으로 견고하고 쉽사리 산화되지 않을 것
- 압연 또는 조형 등 가공하기 쉬울 것
- 팽창계수가 적을 것

위의 예 이외에도 발열체는 장착이 편리한 형태로 제작되어야 하고 표준화되어 유지보수가 자유롭게 활용되어야 하며, 실용적이고 가격이 저렴할 것이 요구된다.

간접식 저항가열로(전기로)에 주로 사용되고 있는 발열체의 종류 및 특성을 개략적으로 다음과 같이 살펴보았다.

표 2-1 발열체의 종류별 특성

종류	구분	재질	최고온도	형상	특성
금속발열체	합금	니크롬 Ni-Cr	1,100°C	환선	용접이 가능하여 가공 및 취급이 용이하다.
		철 크롬 Fe-Cr	1,150°C	환선	Ni-Cr보다 약간 가공성이 떨어지나 값이 저렴하다.
		철-크롬-알루미늄 Fe-Cr-Al	1,400°C	환선	철 크롬과 비슷하나 고온 사용이 가능하다.
	순금속	Molybdenum Tungsten Platinum	1,750°C	환선 외	산화 및 침화가 쉽게 되므로 진공 또는 수소분위기 하에서만 사용이 가능하다.
비금속발열체	고온용	탄화규소 Silicon Carbide	1,600°C	봉상	요업제품으로 가공이 불가하며 사용시간이 지날수록 저항값이 증가하는 부저항 온도계수가 크다는 단점이 있으나 가격이 저렴하여 중·고온용 전기로에 많이 쓰이고 있다.
		$MoSi_2$	1,800°C	봉상	고온에서 재결정화하며 분위기 가스에서의 최고온도 사용에 제한이 있으며, 내산화성이 뛰어나고 사용시간에 따른 전기적 특성 변화가 없다는 장점이 있다.
		란탄 크로마이트	1,800°C	봉상	물리적인 충격이 $MoSi_2$보다 강한 편이나, 승온시간이 늦으며 가격이 비싸다.
	초고온용	흑연 Graphite	3,000°C	관·면 외	산화가 쉬우나, 가공이 용이하고 분위기 하에서 초고온까지 사용이 가능하다. 특히 열 내구성이 강하며 열전도도가 좋고, 열팽창계수가 낮고 가벼운 특징이 있어 진공로의 발열체로 주로 사용되고 있다.
		지르코니아 ZrO_2	2,100°C	봉상	산화 분위기에서 초고온까지 사용할 수 있다는 장점이 있으나 가격이 비싸다는 흠이 있다.

2.1.1 금속 발열체

금속 발열체는 크게 순금속 발열체와 합금 발열체로 구분되며 그 특징은 다음과 같다.

(1) 순금속 발열체

순금속 발열체로는 일반적으로 용융온도가 높은 백금(Pt), Molybdenum(Mo), Tungsten (W) 및 탄탈(Ta) 등이 있으며 이 중에서도 주로 Molybdenum과 텅스텐 등이 환선 및 봉의 형태로 진공(Vacuum) 또는 환원 분위기(예로, Hydrogen gas) 하에서 발열체로 사용되고 있다.

특히 1,450℃ 이상인 고온에서 수소분위기 또는 진공 하에서 열처리를 필요로 하는 피열물인 경우, 순금속 발열체를 사용하지 않고는 대안이 없기 때문에 Powder Metallugy 분야에 주로 쓰이고 있다.

① 순금속 발열체의 분위기 하에서의 최고 사용온도

분위기(Atmosphere)	Tungsten	Molybdenum
대기분위기(Air)	400℃	400℃
질소(N₂)	2,300℃	–
Argon / Helium	3,000℃	1,800℃
Dry Hydrogen	2,800℃	1,800℃
Humid. Hydrogen(Dew−Point＋15℃)	–	℃
Cracked Ammonia	2,300℃	1,100℃
산소(O₂)	100℃	100℃
진공(Vacuum)	2500℃	1,600℃

② Tungsten Mesh Heating Element의 형태

(2) 합금 발열체

합금 발열체는 Fe-Cr(일명 Kanthal)과 Ni-Cr(니크로탈) 및 Fe-Cr-Al(일명 Kanthal APM)으로 나누어지며 종류는 다음과 같다.

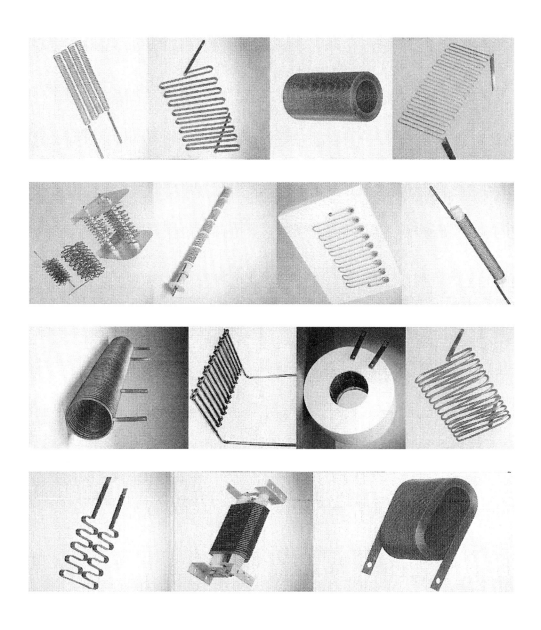

① Fe-Cr 발열체

일명 Kanthal 발열체라 불리며 성능과 수명 면에서 니크로탈(Ni-Cr)보다 우세하여, 근래에는 표준 열선으로 선호되고 있으며 종류 및 특성은 다음과 같다.

구분(품명)	제품 형태	사용온도	각종 분위기에 따른 허용 온도			
			산소 분위기	중성 분위기 N₂ / Ar	환원 분위기 NH₃	진공 분위기 Vacuum
Kanthal APM	Wire	1,400°C	1,400°C	1,500°C	1,200°C	1,150°C
Kanthal AF	Wire/Strip	1,400°C	1,400°C	1,250°C	1,200°C	1,200°C
Kanthal A-1	Wire/Strip	1,400°C	1,400°C	1,200°C	1,200°C	1,150°C
Kanthal D	Wire/Strip	1,300°C	1,300°C	1,200°C	1,100°C	1,100°C
Kanthal Alkrothal	Wire/Strip	1,100°C	1,100°C	1,100°C	1,100°C	950°C
Fe-Cr 발열체의 특징	– 최고 발열 온도가 높다. – 수명이 니크로탈(Ni-Cr)보다 2~4배 정도 더 길다. – 표면부하를 높게 산정할 수 있다. – 타 금속 발열체에 비해 더 높은 고유저항을 갖고 있다. – 밀도가 낮다. – 가열 중 산화물이 떨어지지 않아 爐 내의 피열물을 보호해줄 수 있다.					

② Ni-Cr 발열체

Nicrothal 발열체라 불리며, 1930년대에 개발되어 가정용 전열기 및 산업용 爐에 사용되었던 제품이다. Fe-Cr 발열체가 개발될 때까지 저온용 발열체의 표준열선으로 선호되었으며, 특히 환원 분위기 하에서는 사용온도보다 약 100~200°C까지 높게 사용할 수 있다는 장점이 있다.

구분(품명)	제품 형태	사용온도	각종 분위기에 따른 허용 온도			
			산소분위기	중성분위기 N₂ / Ar	환원 분위기 NH₃	진공 분위기 Vacuum
Nicrothal 80/70	Wire / Strip	1,200°C	1,200°C	1,250°C	1,250°C	1,000°C
Nicrothal 60	Wire / Strip	1,150°C	1,150°C	1,250°C	1,200°C	950°C
Nicrothal 40	Wire / Strip	1,150°C	1,100°C	1,150°C	1,200°C	900°C

(3) 금속 발열체의 열선 표면부하

금속 발열체는 히터의 형태에 따라 표면부하 값을 높게 할 수 있으므로 그 설계가 상당히 중요하다. 아래 Chart에서도 볼 수 있듯이 일반적으로 ROB(Rod Over Band) 형태의 열선이(물결 모양으로 된 굵은 선) 가장 높은 표면부하를 걸 수 있으며, 나선형 형태의 히터는 MOLDING형(홈 안에 장착하는 형)보다는 세라믹 관 위에 걸어두는 것이 표면부하를 더 높게 책정할 수 있다.

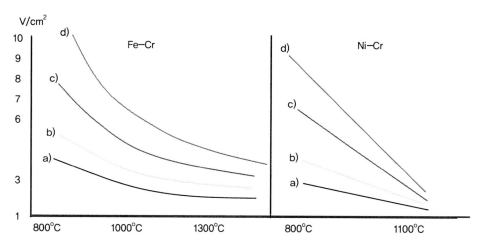

a) 홈 속에 장착하는 발열체
b) 세라믹 자기관에 장착하는 나선형 히터
c) 자유 방사하는 물결 모양의 스트립 히터
d) 자유 방사하는 물결 모양의 와이어 히터

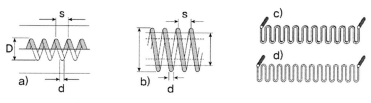

그림 2-1 합금 발열체의 모양별 권장 표면부하 값

(4) 금속 발열체 사용 시 爐벽 부하

금속 발열체 사용 시 爐벽 부하는 히터의 형태와 열선 표면부하에 의해서 결정되며 표면부하가 낮을수록 열선 수명이 길어진다. 아울러 로의 바닥에 열선을 장착할 시에는 열선의 과열을 피하기 위한 주의를 기울여야 한다.

예를 들어 $(\lambda) = 1.0W/M^{-1}K^{-1}$의 열전도율을 가진 15mm 두께의 爐벽 표면에 $15kW/m^2$의 전력분포가 주어진다면 爐벽을 통한 온도 강하는 대략 225°C 정도가 되며, 이 경우 열선과 로의 온도 차이는 약 375°C가 된다.

따라서 위 조건에서는 열선의 온도가 1375°C가 되므로, Fe-Cr 발열체를 사용하더라도 최고 사용온도를 1000°C 이내로 하여야 한다.

이러한 예는 爐 내화물 벽의 선정 시, 열전도율이 높은 소재를 선택하는 것이 얼마나 중요한 것인가를 알려주는 사례이기도 하다.

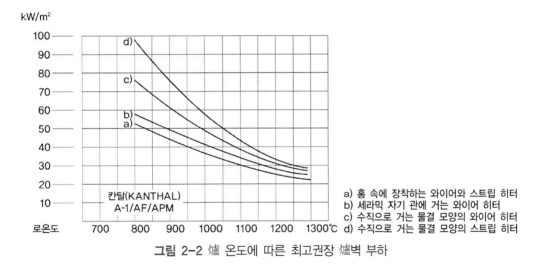

a) 홈 속에 장착하는 와이어와 스트립 히터
b) 세라믹 자기 관에 거는 와이어 히터
c) 수직으로 거는 물결 모양의 와이어 히터
d) 수직으로 거는 물결 모양의 스트립 히터

그림 2-2 爐 온도에 따른 최고권장 爐벽 부하

(5) 금속 발열체의 품목별 물리적 및 계계적인 특성

품목	Kanthal APM	Kanthal A-1	Kanthal AF	Kanthal D	Nicrothal 80	Nicrothal 60	Nicrothal 40
최고사용온도 (℃)	1,425	1,400	1,400	1,300	1,200	1,150	1,100
성분	Cr 22% Al 5.8% Fe 72.2%	Cr 22% Al 5.8% Fe 72.2%	Cr 22% Al 5.3% Fe 72.7%	Cr 22% Al 4.8% Fe 73.2%	Cr 20% Ni 80%	Cr 15% Ni 60% 기타	Cr 20% Ni 35% 기타
고유저항 (20℃) mm^2/m^{-1}	1.45	1.45	1.39	1.35	1.09	1.11	1.04
밀도 g/cm^3	7.10	7.10	7.15	7.25	8.3	8.2	7.9
온도팽창계수 K^{-1} 20~1000℃	15.10^{-6}	15.10^{-6}	15.10^{-6}	15.10^{-6}	18.10^{-6}	17.10^{-6}	19.10^{-6}
연화강도 mm^{-2}	1.8	1	1.5	1	4	4	4
열전도율 20℃에서	13	13	13	15	13	13	13

(6) 금속 발열체의 사용수명

저항열선은 熱을 받으면 그 표면에 산화피막을 형성하게 되는데, 이산화 피막은 더 이상의 산화피막이 일어나지 않는 역할을 하여 열선의 수명을 연장시켜준다. 따라서 이러한 기능이 유지되려면 산화층이 조밀해야 하며 가스의 침투에 대한 내성이 있어야 한다. 또한 산화층이 얇아야 되며 금속에 잘 붙어 있어야 한다. 이 같은 점을 볼 때 Fe-Cr 계통의 발열체가 Ni-Cr 발열체보다 산화 피막 형성이 유리해 사용수명을 약 2~4배 정도 높게 사용할 수 있다. 하지만 산화 피막층이 잘 형성된다고 해서 발열체의 수명이 무조건 높은 것은 아니다.

발열체의 수명을 연장시키기 위해서는 다음과 같은 조건들을 고려해 사용하는 것이 최우선이라고 본다.

① 급격한 온도변화를 피해야 함

발열체의 수명은 급격한 온도변화에 의해 약화될 수 있다. 따라서 온도를 고른 상태로 유지시켜줄 수 있는 온도조절장치(PID Mode) 및 전류조절장치(SCR형)를 사용하는 것이 좋다.

② 굵은 열선재료를 선택

열선의 굵기는 히터의 수명과 직접적인 관계를 가진다. 예를 들어, wire가 굵을수록 단위 표면적당 산화피막을 만들어낼 수 있는 성분이 많기 때문에 같은 온도에서 굵은 선이 가는 선보다 수명이 길어진다. Strip 형태도 마찬가지로 두꺼운 재료가 수명을 더 길게 한다. 대체로, wire는 선경 3mm 이상, strip은 2mm 두께 이상으로 사용하는 것이 수명 연장에 도움이 된다.

③ 爐 내부 분위기에 따라 열선 온도를 조정

앞에서 언급한 대로 爐 내의 분위기 상태와 그것의 영향을 받는 발열체의 최대 사용온도의 관계를 보여주듯이 Ni-Cr(니크로탈)계 금속 발열체는 소위 보호 분위기에서 800~950°C시 녹색 부식의 위험이 있으므로 사용해서는 안 된다. 이러한 경우에는 Fe-Cr계 발열체가 더 적합하며 이 경우 Fe-cr계 발열체는 1050°C에서 약 7~8시간 동안 산화 피막을 먼저 형성시킨 후에 사용해야 하며 이후 정기적인 산화피막 형성 작업을 해주어야 한다.

단, Ni-Cr 계 발열체는 환원 분위기 상에서 자기의 최대온도보다도 더 발열할 수 있는 장점이 있으므로 환원 분위기 저온용로를 선택할 경우 Nicrothal 발열체를 사용하는 것도 좋은 방법이다.

④ 고체용액 및 가스에 있어서의 부식 방지

爐 분위기 내의 불순물들, 즉 기름, 먼지, 휘발성물질 또는 탄소찌꺼기들은 발열체를 손상시킬 수 있다. 특히 황은 모든 Nickel 소재에 해로우니 이 점을 고려해 발열체 선택을 해야 한다.

아울러 여러 유형의 염소 화합물은 모든 금속 발열체에 손상을 주며, 금속 또한 염의 용융물이 발열체에 튀길 경우 역시 손상을 받는다.

(7) 전열선의 설계

필요로 하는 가열전력이 주어지면 사용온도, 배선방식 등을 고려하여 이것을 몇 회로로 분할할 것인지 설계하는 것이 일반적이다. 1회로마다 전력이 결정되면 그 공급전압에 의해서 저항치가 결정된다.

발열체의 온도를 좌우하는 것은 발열체의 표면 전력밀도 $Wd(W/cm^2)$로서, 표면적 $S(cm^2)$, 온도 $T(K)$, 熱 발산율 ε_0의 발열체에서 표면적 $S(cm^2)$, 온도 T_0, 熱 발산율 ε_0의 주위 물체에 대하여 발산하는 방사에너지로 발열체의 단위면적마다 $Wd = \phi\sigma(T^4 - T_0^4)(W/cm^2)$으로 부여된다.

- $\sigma = $ 스테판 – 볼쯔만의 상수
- $\phi = $ 발열체 및 주위물체의 열 발산율
- $S_0 \geqslant S$ 일 때는 $\phi = \sigma$

그리고 전열선의 지름 및 길이를 구하고자 할 때(간단히 전열선을 직선적으로 배치하였을 경우),

$$P = I^2R$$

$$R = \frac{4pl}{\pi d2}$$

$$S = \pi dl$$

* 여기서 P(W) = 1회로의 전력
　　　　I(A) = 전류
　　　　E(V) = 공급전압
　　　　R(Ω) = 전열선의 저항
　　　　l(cm) = 전열선의 길이
　　　　d(cm) = 전열선의 지름
　　　　$S(cm^2)$ = 표면적
　　　　p(Ω–cm) = 전열선의 고유저항

표면적 전력밀도 $Wd(W/cm^2)$는 $\dfrac{P}{Wd} = \dfrac{I^2R}{S} = \dfrac{4pI^2}{\pi dl} = \pi^2 d^3$가 되고, 표면전력 밀도를 얻기 위한 전열선의 지름 d는 $d = \sqrt[3]{\dfrac{4pI^2}{\pi^2}Wd}\,(cm)$로 주어진다.

앞의 식에 용하는 전열선의 고유저항 p와 선 지름 d가 결정되었으므로, 전열선의 길이 l은 다음과 같은 공식으로 구할 수 있다.

$$l = R \times \frac{\pi d^2}{4p} = \frac{E}{I} \times \frac{\pi d^2}{4p}$$

♣ 위 공식은 전열선의 지름 d가 되는 원형단면을 기준으로 하였으며 이것을 리본선으로 환산할 경우에는(단, 전열선의 온도 및 표면전력밀도는 동일한 조건),

$$\pi^2 d^3 = 8ad(a+b)$$

* 여기서 $a(cm)$ = 리본선의 폭
  $b(cm)$ = 리본선의 두께

리본선의 길이를 l'라고 하면, 그 저항 R'는 $R' = pl'/ab$이며, 이것이 환선인 경우 저항 R과 동등하므로 $\dfrac{4pl}{\pi d^2} = \dfrac{pl'}{ab}$, 즉 $l' = \dfrac{l \times ab}{\dfrac{\pi d^2}{4}}$ 이라는 관계식이 성립된다.

2.1.2 비금속 발열체

크게 비금속 발열체는 고온용과 초고온용 두 가지로 나뉜다. 종류는 고온용으로 탄화규소
(Silicon Carbide)와 $MoSi_2$ 발열체, 그리고 란탄 크로마이트 등이 있으며, 초고온용으로는
지르코니아(ZrO_2), Graphite 발열체가 있다.

(1) 초고온용 비금속 발열체
① 지르코니아 발열체

대기 분위기 하에서 사용할 수 있는 최고온용 발열체로 $2,100°C$까지 온도를 가열시킬
수 있으며, 형태는 봉형으로 탄화규소 발열체의 봉형과 같이 발열부 및 비발열부가 분리되
어 있다.

그림 2-2 지르코니아 발열체를 사용한 $2,100°C$ 특수 고온 진기로

② Graphite(흑연) 발열체

흑연재료는 전기저항이 있어 직접통전 또는 고주파유도로에 의해 커다란 열을 발생하며,
이러한 특성을 이용해서 고온전기로의 발열체에 넓게 이용되고 있다. 흑연은 고온에서도 연

화, 용융되지 않으며, 증기압도 작고 약 2,400°C까지는 강도가 증가한다.

또한 흑연재료는 가공성도 우수하기 때문에 관상, 봉상, 판상, 입상 등 여러 가지 형상의 발열체를 만들 수 있다. 그러나 저항가열로에서 주로 사용되는 형태는 면상으로, 질소 또는 진공 및 환원 분위기에서 사용할 수 있는 초고온용 발열체로서 3,000°C까지 발열이 가능하다는 장점이 있다.

특히 흑연은 열과 내구성이 강하며 열전도도가 좋고 열팽창계수가 낮고 가벼운 우수한 특성을 갖고 있기 때문에 발열체뿐만이 아니라 전 산업 분야에 걸쳐 다양한 용도로 사용되고 있다.

Graphite 발열체는 금속 발열체(Mo, Tungsten)를 에칭하는 것보다 제작이 쉽고 가격이 저렴하여 진공 분위기의 발열체로써 많이 이용되고 있다. 단, 형태가 면상인 관계로 전선과 연결되는 전극(주로, 은 전극을 사용) 부분에 상당히 많은 취약점을 갖고 있다는 것이 단점이다.

그림 2-3 Graphite 면상발열체

(2) 고온용 비금속 발열체

① 란탄 크로마이트(LaCrO$_2$) 발열체

대기 분위기하에서의 사용온도는 1,800°C까지이며 이규화 몰리브덴(MoSi$_2$)과는 달리 발열체의 형태가 봉형(때로는 면상형으로 제작됨)이라는 특징이 있다. 물리적인 충격도 MoSi$_2$ 발열체보다는 강하나 승온시간이 늦으며 가격이 비싼 편이어서 그 수요가 미약한 편이다. 특히, 스웨덴 Kanthal 社에서 1,800°C까지 가열할 수 있는 발열체(Super Kanthal, 1900)를 개발한 후로는 경쟁력에서 뒤쳐져 사용빈도가 낮은 편이다.

2.1.3 탄화규소 발열체(Silicon Carbide)

흔히 SIC 발열체라고 불리는 탄화규소발열체는 고온용(1,200°C에서 1,550°C)으로 주로 쓰인다. 가격이 저렴하나 요업제품으로 가공이 불가하며(즉, 금속 발열체는 단선 및 단락 시 용접을 통하여 재사용이 가능), 사용시간이 지날수록 저항 값이 증가하는 부저항 온도계수가 크다는 단점이 있다.

(1) 탄화규소 발열체의 종류

① 봉형(Bar Type)

가장 널리 쓰이고 있는 SIC 발열체의 대표적인 형태로, 구성은 고저항의 발열부와 저저항의 단자부로 되어 있으며 최고 사용온도가 1,500°C까지 가능하다.

② 선형(Spiral Grooves Type)

원통형태의 중심 발열부를 나선 홈을 낸 발열체로, 다음 그림과 같이 단자부가 양쪽으로 나뉜 SG형과 단자부를 한쪽에만 준 SGR형 두 가지로 구분된다. 봉형 발열체에 비해 내식성이 까다로운 사용조건에 뛰어난 성능을 발휘하며, 최고 사용온도도 1,600°C까지 가능하다는 장점이 있다.

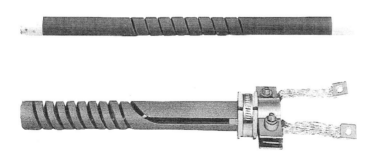

③ U-형(U-Shaped)

단상 전기방식에 주로 사용되며 한쪽에만 두 개의 단자부를 가져 대형 爐에 주로 사용되고 있다.

④ 기타

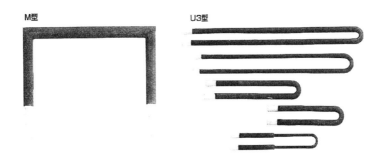

(2) 탄화규소 발열체의 수명

탄화규소 발열체의 산화반응 화학식은 다음과 같다.

$$SIC + 2O_2 \rightarrow SiO_2 + CO_2$$

즉, 탄화규소(SIC)는 대기 중에서 산소(O_2)와 반응하여 발열체 표면이 순차적으로 산화되어가고, 절연물인 규소산(SiO_2)이 생성되며 양이 증가할수록 전기저항이 증가한다. 산화반응 온도는 약 $800^\circ C$에서 시작되며, 온도가 올라갈수록 반응도 심화된다. 따라서 사용 초기에는 가급적이면 급가열을 피하는 것이 좋다.

참조로 그림 2-4에서 볼 수 있듯이, 사용시간이 지날수록 저항 값이 증가하며 그 값이 초기 저항 값의 3배가 되면 발열체의 수명은 한계에 이르렀다고 볼 수 있으므로 교체해주어야 한다.

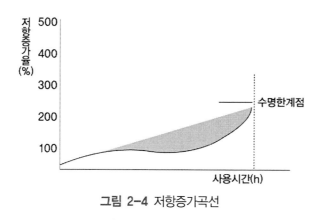

그림 2-4 저항증가곡선

(3) 탄화규소 발열체의 사용시간에 따른 저항 값 비교

일반적으로 탄화규소 발열체의 저항 값은 그림 2-5에서도 볼 수 있듯이 爐를 대기 중에서 최고온도(1,600°C)로 사용했을 경우 봉형은 약 800시간 정도가 지났을 때 저항 값이 100% 증가하고, 나선형은 800시간이 지나면 약 20%의 저항 값이 증가되었다가, 이후부터는 사용시간에 관계없이 저항 값이 안정적으로 일정해져 수명 연장을 가질 수 있다.

따라서 장기적으로 전기로를 사용할 경우 비록 값은 4~5배 정도 비싸나 수명이 긴 나선형 발열체를 사용하는 것이 바람직하다고 본다.

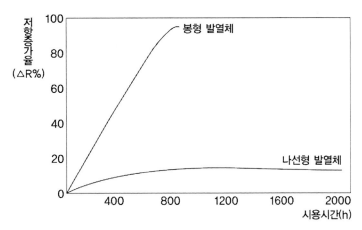

그림 2-5 탄화규소 발열체의 사용시간

(4) 탄화규소 발열체의 저항 및 온도 특성

다음 표 2-2에서 볼 수 있듯이 탄화규소 발열체는 650℃에서 700℃를 기점으로 온도가 상승할수록 저항치도 증가하는 것을 볼 수 있다. 특히 봉형은 나선형에 비해 저항치 증가속도가 빠르고 또한 수명 역시 빨리 단축된다.

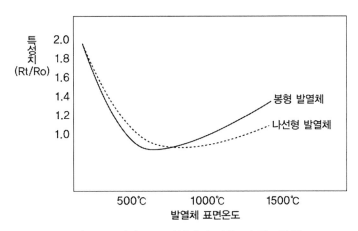

그림 2-6 탄화규소 발열체의 저항 및 온도특성

(5) 탄화규소 발열체의 물리적 특성

종류	봉형	나선형
비중	2.5	2.8
기공률 %	23	5
압축강도 MP at 25°C	49	98
비열 kJ/kg·°C	1.0	1.0
열전도율 W/m·°C at 1,000°C	14~19	16~21
비저항 Ωcm at 1,000°C	0.10	0.016

　　탄화규소 발열체의 사용용도(분위기)상 영향 및 대책을 알아보면 다음과 같으며, 저항가열로 취급하는 데 상당히 중요하므로 꼭 숙지하기 바란다.

전기로(爐內雰圍氣)	영향(影響)	대책(對策)
수증기 Wet Atmosphere	건조한 대기에서 사용할 때보다 수명이 약 1/5 정도로 감축된다.	전기로를 장기간 사용 안 할 경우 수분이 내화재에 축적되고 이는 발열체의 수명에 영향을 준다. 따라서 정상사용 이전에는 반드시 건조(Dry-Out)를 시켜주어야 한다.
수소가스	수소분위기 하에서 1,350°C 이상으로 온도를 가열할 경우 발열체의 저항 값이 급속도로 증가하여 발열체의 수명이 정지될 수 있다.	爐 내 온도를 1,250°C 이하로 사용
질소가스	1,400°C 이상에서 사용할 경우 질화규소가 발생하여 수명이 단축될 수 있다.	爐 내 온도를 1,300°C 이하로 사용
변성가스	수소 및 질소가스와 동일	수소 및 질소가스와 동일
유황가스	사용온도를 1,300°C 이상으로 사용할 경우 발열체 표면이 침식되고 저항 값이 증가한다.	1,300°C 이하에서 사용할 것
진공	고진공 중에는 SiO_2가 생성되고 탄화규소 자신이 분해되는 화학적 반응을 일으키므로 수명이 단축될 수 있다.	0.13Pa 이상의 압력일 경우 1,100°C 이하에서 사용할 것
기타	피열물이 Pb(납) 계통일 경우, 가열 중 발열체가 납 증기로 인하여 침식된다.	피열물이 Pb(납) 계통일 경우, 사용 금지

(6) 탄화규소 발열체의 선정 시 고려할 내용

① 발열체 구경에 따른 爐 내화층의 두께

다음 공식은 일반적으로 탄화규소 발열체의 구경(외경)에 적합한 전기로의 내화층을 표시한 것이며 상세한 설명은 추후 전기로 제작 편에서 설명하기로 한다.

- 직경이 15mm 이하인 탄화규소 발열체 　→ 내화층 약 100mm
- 직경이 20mm인 탄화규소 발열체 　→ 내화층 약 150mm
- 직경이 25mm인 탄화규소 발열체 　→ 내화층 약 200mm

즉, 직경이 15mm 이하인 경우에는 100mm 정도의 내화벽 층이 적당하며 5mm 증가할 때마다 내화층 두께를 50mm씩 두껍게 설계하는 것이 가장 바람직하다.

② 발열체 설치 시 爐 및 피열물과의 간격 설정

탄화규소 발열체 설치 시에 주의할 점은 다음과 같다.

- 발열체와 발열체 간의 간격(B) 　→ 발열체 외경의 2배 이상 띄워줄 것
- 발열체와 피열물과의 간격(A) 　→ $\sqrt{2} \times A$ 이상
- 발열체와 내화층 측벽 간의 간격(A) 　→ 발열체 직경의 2배 이상(최저 3cm)
- 발열체와 붕판(대판) 간의 간격(B) 　→ 발열체 직경의 2배 이상

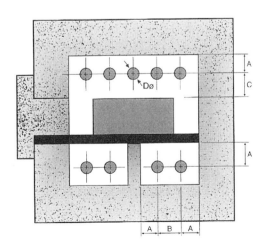

2.1.3 MoSi₂ 발열체(Molybdenum Diciliside)

흔히 Super Kanthal 발열체라고 불리는 MoSi₂ 발열체는 이규화 몰리브덴 계열이다. 주로 고온용 저항가열로(1,600~1,800°C)에 사용되며, 뛰어난 내 산화성이 장점이고 표면이 상해도 산화 분위기 하의 고온 가열 시 Quartz Glass 막(SiO_2)이 표면에 형성되어 재치유되는 기능이 있다. 또한 사용시간에 따른 전기적 특성의 변화가 없으며 승온시간이 타 발열체에 비해 현격히 짧으므로 에너지 절약 효과가 높은 장점이 있다.

(1) 기계 및 물리적 특성

Tensile Strength	at 1,550°C	$100N/mm^{-2}$
Bending Strength	at 20°C	$350\sim400N/mm^{-2}$
Impact Strength	at 20°C	$0.7Nm/cm^{-2}$
Hardness	at 20°C	8Mohs scale
Density		$5.6g/cm^{-3}$
Porosity		<1%
Thermal Conductivity	20~600°C	$30W/m^{-1}$
	600~1,200°C	$15W/m^{-1}$
Specific Heat	at 20°C	$7\sim8\times10^{-6}K^{-1}$
Emissivity		0.70~0.80

(2) MoSi₂ 발열체의 수명에 영향을 주는 요소

MoS$_{i2}$ 발열체의 수명은 사용상태에 따라 변할 수 있으나 보편적으로 약 5년에서 그 이상까지도 가능하다. MoSi₂ 발열체의 수명에 영향을 주는 사항들을 살펴보면 다음과 같다.

① 물리적인 충격
② 사용 분위기 가스 및 Production Gas로부터의 영향
③ 급속 냉각 시 받는 기계적인 강도로부터의 영향
④ 저온에서 고전압을 주거나 전류의 제어 없이 사용할 경우
⑤ Over Heating

(3) 각종 분위기 하에서의 발열체의 사용온도 및 특징

Atmosphere	1,700°C 용 MoSi₂ 발열체	1,800°C 용 MoSi₂ 발열체
Air	1,700°C	1,800°C
Nitrogen	1,600	1,700
Argon, Helium	1,600	1,700
Dry Hydrogen	1,350	1,400
Wet Hydrogen, Dew Point +15°C	1,460	1,500
Exo Gas(10% CO_2, 5% CO, 15% H_2, 65% N_2)	1,600	1,700
Endo Gas(40% H_2, 20% CO, 35% N_2)	1,400	1,450
Cracked & Burnt Ammonia	1,400	1,450
Vacuum	사용 불가	사용 불가

① Air

사용온도가 800°C를 초과하면서 Silica 막이 형성되어 더 이상의 산화 발생을 방지하여 준다. 일반적으로 Silica 막이 형성되지 않는 저온인 경우 약 550°C에서 Molybdenum과 Silicon의 산화가 발생하는 취약 부분이다. 이때 Molybdenum은 주로 Molybdenum Oxide(Mo-O₃)로 구성되며 이러한 반응을 금속 용어에서는 'Molybdenum Pest'라고 부른다. 하지만 이러한 반응이 MoSi₂ 발열체에는 큰 해를 주지는 않는다. 다만 MoSi₂ 발열체를 550°C 부근에서 지속적으로 사용하는 것은 가급적이면 피하는 것이 좋다.

② Carburizing Atmosphere

일반적으로 Propane과 같은 Carburizing Gas는 MoSi₂ 발열체에 큰 영향을 주지 않기 때문에 Carburizing 전기로에 많이 쓰이고 있다. 단, 이 분위기를 사용할 시에는 사용온도를 1,400°C를 초과하여서는 안 된다. 아울러 爐 내의 Carbon 입자가 점진적으로 발열체에 붙으면서 발열체가 단락되는 문제가 발생할 수 있으므로 Carburizing 爐에 MoSi₂ 발열체를 사용할 경우에는 주기적으로 발열체를 空爐 상태 및 산화 분위기에서 1,450°C 이상 가열할 것을 권장한다.

③ Hydrogen Atmosphere

Dry Hydrogen 가스를 사용할 경우 Silica 막이 감소되고, $MoSi_2$가 Silicon 양이 감소된 Silicon과 Silicide로 형성된 가스에 의해 잠시 분해현상을 일으킨다. 그리고 이러한 반응은 발열체 온도의 감소를 초래한다. 따라서 수소가스 사용 시 최대 허용온도는 $1,350^\circ C$ 정도까지임을 꼭 숙지하여야 한다.

만일 수소가스 하에서 보다 더 높은 온도를 사용하고 싶으면 Dew-Point(노점)량을 증가시키는 방법이 있기도 하지만 Dew-Point는 분위기 로에서 피열물의 품질과 밀접한 관계가 있으므로 가급적이면 이 방법은 실행하지 않는 것이 좋을 듯싶다.

④ Vacuum

$MoSi_2$ 발열체를 고진공 분위기에서 사용하는 것은 불가능하다.

⑤ EXO-Gas(10% CO_2, 5% Co, 15% H_2 & 68% N_2)

Exo-Gas는 $MoSi_2$ 발열체의 입장에서 보면 Oxidizing Atmosphere(산화 분위기) 개념이므로 발열체 최대 사용온도인 $1,600^\circ C$까지도 사용 가능하다.

⑥ ENDO-Gas(20% Co, 40% H_2, 35% N_2)

상기 Gas 조성은 환원 계념이 크므로 발열체의 사용온도에 영향을 줄 수 있다. 따라서 상기 가스 분위기 하에서 $1,400^\circ C$ 이상을 사용하는 것은 피하는 것이 좋다.

⑦ Nitrogen, Helium, Argon

상기 Gas들은 $MoSi_2$ 발열체에 큰 영향을 주지 않는 불활성 기체이므로 $1,600^\circ C$까지 사용이 가능하다.

⑧ WATER VAPOUR

수중기는 Oxidation 영향을 미치므로 $MoSi_2$ 발열체의 최고 사용온도까지 가능하다.

⑨ Sulphur Dioxide

가끔은 대기 중에 Sulphur Dioxide 불순물이 발생할 수 있으며 이 분위기는 발열체에 큰 영향을 끼치지 않으므로 최고 온도 사용이 가능하다.

⑩ Chlorine & Fluorine

Chlorine 및 Fluorine은 보편적으로 전기로 대기 분위기를 오염시킨다. 특히 Fluorine은 Oxidised 요소임에도 불구하고 $MoSi_2$ 발열체에 심각한 영향을 준다. 예로, Glass Melting Furnace(유리용해로)인 경우 시료에 7%의 Fluorine이 포함될 경우 발열체에 심각한 영향을 끼친다(6% 이하는 영향을 주지 않음). Chlorine인 경우는 Fluorine과 달리 발열체에 심각한 영향을 주는 요소는 아니지만, $MoSi_2$ 발열체에 사용되는 것을 금지하는 것이 좋다. 그 이유는 보호되지 않은 발열체의 어느 부분(즉, 비발열부)에 영향을 줄 수 있기 때문이다.

(4) 금속 및 산화물에 대한 저항

① 금속

산화 분위기 하에서의 모든 금속(Novel Metal은 제외)은 산화가 되며, 여기서 발생되는 산화물은 발열체 표면에 있는 Silica 막과 반응을 하고 때로는 문제를 발생시키기도 한다. 고로 금속 용융용으로 사용되고 있는 $MoSi_2$ Furnace인 경우 전기로 가동 중에, 예로 용융 중 발생하는 Fume Gas 먼지, 용해된 금속의 Spray로부터 발열체를 보호해주어야 한다.

② Alkali

Alkali(Na, Ka)가 포함된 Compound를 전기로에서 가열하면 Alkali가 발생하고, 이것은 발열체의 Silica 막과 반응을 할 수 있으며, 발열체의 수명을 단축시킨다.

③ Glass

가끔 Glass Melting Furnace(유리용해로)에 사용되고 있는 $MoSi_2$ 발열체를 보면 Silica Glass 막이 벗겨지고 흘러내려 있는 상태를 목격하곤 한다. 이것은 Glass 용융 중 발생한 오염 가스가 Silica 막에 영향을 주고, 이로 인해 발열체의 Viscosity가 약화되어

Silicate가 흘러내린 것으로 발열체의 수명에는 크게 영향을 주지는 않지만 변형으로 인한 문제를 발생시킬 수도 있다.

(5) MoSi₂ 발열체의 모양에 따른 분류

① Two Shank형

가장 많이 사용되고 있는 발열체의 형태로, 비발열부의 각에 따라 'U형', '45° Vent형'과 '90° Vent형'으로 나뉘며 일반적으로 발열체를 수직 설치 사용하는 것을 기준으로 한다.

㉠ 'U' Type

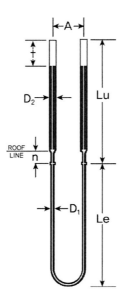

Le: 발열부　　　Lu: 비 발열부　　　D₂: 비발열부 봉의 지름
D₁: 발열부 봉의 지름　　　　　　　n: 발열부와 비발열부 간의 거리

ⓛ '90° Vent형' 및 '45° VENT형'

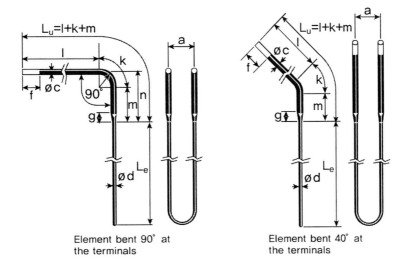

Element bent 90° at
the terminals

Element bent 40° at
the terminals

② 4 Shank형

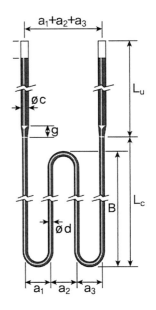

주로, 1,600℃ 용으로 제작되며 爐 상부에 수평으로 설치
하여 특수한 형태의 피가열물 열처리에 사용되고 있다. 가격
적인 절감 면에서 장점은 있으나 내화물 상부에 구조 변경 및
부가속품 등의 사용이 불가피하여 Two Shank형에 비해 그
이용 빈도가 작은 편이다.

③ Multi-Shank형

주로 양산용 전기로에 사용되며 수평 설치를 기본으로 하나 최근들어 수평보다는 수직으
로 사용하는 경우가 더 많다. 이 경우 상부내화재의 하중 감소 및 발열체 Hole의 감소로 인
해 爐를 보다 더 안정적으로 사용할 수 있기 때문이다.

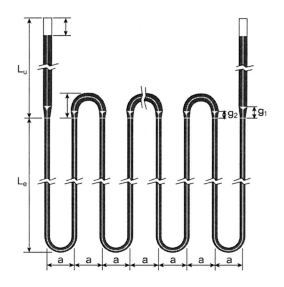

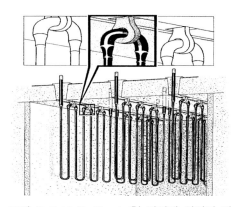

그림 2-7 Multi-Shank 형 발열체 설치의 예

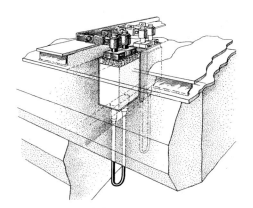

그림 2-8 'U' 형 발열체 설치의 예

(6) 발열체 설치 시 주의할 점

세라믹 내화재와 발열체와의 접촉은 문제를 일으킬 수 있으며, 아울러 효율적인 발열량을 얻기 위하여 발열체 설치 시에는 다음의 간격을 꼭 유지하여야 한다.

① 내화벽과의 간격(Distance to Wall)

세라믹 내화재와 발열체와의 접촉은 문제를 일으킬 수 있으며 아울러 효율적인 발열량을 얻기 위하여서는 발열체 설치 시에는 다음의 간격을 꼭 유지하여야 한다.

- 발열체와 내화물 벽과의 거리: $\dfrac{\text{발열부의 길이(Le)}}{50} + 20mm$

   즉, 발열부의 길이가 250mm일 경우 25mm

- 내화 바닥면과의 간격(Distance to Bottom)
   - 발열체 두께가 6/12 및 9/18인 경우

     발열체와 내화물 바닥과의 거리: $\dfrac{\text{발열부의 길이}(\leq)}{10}$: 최소 25mm

   - 발열체 두께가 3/6인 경우 발열체와 내화물 바닥과의 거리: 최소 9mm

- 발열체와 발열체 간의 간격(Distance Between Elements)
   - 발열체와 발열체 간의 간격(B) = 발열체 간격(A) $\times \dfrac{\text{발열부의 간격(D)}}{\text{발열체의 간격(A)}} \times 1.3$

     예를 들어, 6/12 발열체인 경우 $50 \times \dfrac{62}{50} \times 1.3 = 80mm$

- 상부 내화재의 발열체 Hole
   - Terminal 6mm인 경우, 내화재 Hole은 8mm
   - Terminal 12mm인 경우, 내화재 Hole은 15mm
   - Terminal 18mm인 경우, 내화재 Hole은 23mm

(7) MoSi₂ 발열체 사용 시 전기장치 및 결선

① 전류제어기로서의 SCR Unit 사용 권장

SCR Unit는 Silicon Controlled Rectifier, 즉 실리콘 정류 제어소라 불리기도 하고 Thyristor라고도 불리는 전류제어장치 중의 하나이다. 최근에는 MoSi₂ 발열체 및 Silicon Carbide 발열체를 설치한 전기로의 90% 이상이 전류제어장치로 SCR을 사용하고 있다.

✍ MoSi₂ 발열체는 저온 가열에서의 취약성 때문에 꼭 전류제어장치로서 SCR UNIT를 사용할 것을 권장한다.

다음은 MoSi₂ 발열체 결선에 따른 발열체 두께별 최대 허용전류이다.

ELements Thickness	Y 결선 시 최대 허용전류	△ 결선 시 최대 허용전류
3/6mm	75Amp	130Amp
6/12mm	200Amp	350Amp
9/18mm	350Amp	600Amp

② On-Off 제어장치 사용 시

만일 On-Off형 제어장치를 사용할 경우 전기로 온도 가열 초기에는 설정치보다 낮은 Voltage에서 가동시키는 것이 필요하다.

만일 그렇지 않고 Operating Voltage로 초기 가동을 할 경우 암페어는 정상상태보다 1배를 초과하는 결과를 초래하여, 발열체뿐만 아니라 System 전체에 영향을 줄 수 있기 때문이다.

그리고 Voltage 설정 때문에 Transformer(변압기)가 필요할 경우 가급적이면 변압기에 Voltage Step을 설정하는 것이 바람직하다.

☝ Step 설정은 Operating Voltage에 비례하여 1/3, 2/3, 1/1 비율로 설정한다.

③ 결선

다음 그림들은 상(Phase)에 따른 결선 방법으로 전기로 제작 시 또는 이상 발생 시 도움이 되리라 여겨 정리하여 보았다.

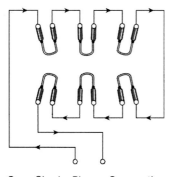

One-Single Phase Connection

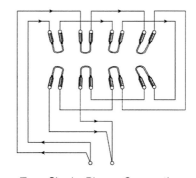

Two-Single Phase Connection

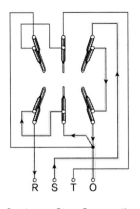

3-phase Star Connection

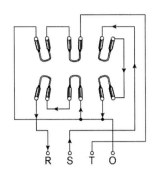

Star Connection

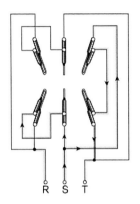

3-phase Delta Connection

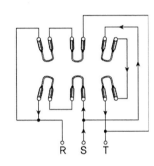

Delta Connection

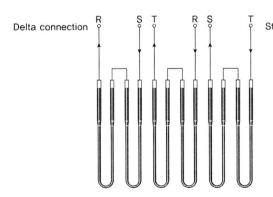

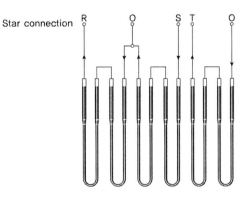

2.2 내화재

올바른 내화재의 선택은 전기로의 수명을 연장시킬 뿐 아니라 爐 내의 열분포도를 향상시키는 역할도 한다. 따라서 단열 Insulation이 요구하는 조건은, 우선 열전도율이 낮고 고온하에서의 강도도 좋으며 경량이며 고온 하에서 화학적으로 안정해야 한다.

그러나 이러한 조건들을 동시에 만족시키는 이상적인 내화물은 아직까지 개발되지 않았다. 따라서 보통 전기로를 제작할 때, 즉 축로를 할 때 爐 내화벽을 3겹으로 하는 것을 기본으로 하고, 각 내화벽별 종류는 다음과 같다.

구분	사용 내화재의 종류
爐 내에 직접 닿는 내화재	단열성과 경량을 특성으로 한 고온 강도가 크고 화학적으로 안정되며, 고밀도인 내화보드 또는 내화연와를 사용한다.
爐 중간층 내화재	고온에 대하여 단열성이 높은 규조토 등의 다공질 내화 단열 보드 또는 연와를 배치한다.
爐 외측 내화재	저온용이어도 상관없으나 강도가 매우 우수해야 하며 경량으로 단열성이 좋은 규산칼슘과 초자섬유를 소재로 한 보온재를 이용한다.

하지만 상기 조건은 일반적인(실험/연구용) 예이며, 爐의 형식에 따라서 爐벽 구조나 사용법이 상이하게 변할 수 있다.

2.2.1 연속식(Continuous) 爐의 내화벽 구조

연속로인 경우 주야는 물론 상당한 시간 동안 로를 가열하기 때문에 소비전력 소모가 적어야 하므로 열손실을 최소화시켜야 한다. 따라서 爐벽은 일반적으로 두껍게 설계되어야 하며 내화물은 주로 Insulating Bric(내화연와)을 사용하는 것이 적절하다.

2.2.2 비 연속식(Batch) 爐의 내화벽 구조

Batch 로의 경우는 정상상태에서의 운전 전력이 크지 않고, 또한 정상상태가 되기까지는 시간이 걸린다는 단점을 가지고 있다. 따라서 작업 Cycle이 짧은 Batch Furnace의 경우 爐벽이 너무 두꺼울 때는 긴 냉각시간 때문에 작업 Cycle을 처리하기가 곤란하다는 단점이 있다. 그러므로 Ceramic Fiber Board로 만들어진 단열재는 Batch Furnace에서 최적의 재료이다.

내화연와에 비해 경량성 면 및 열 흡수 방출이 뛰어나기 때문에 승온 전력과 승온시간의 절감으로 효용가치가 크다. 따라서 현재 대부분의 저항가열로가 이 제품을 사용하고 있다. 그러나 기계적 강도를 필요로 할 때에는 다른 강도가 큰 구조재를 사용하기도 하고, 압축하여 단단하게 조이는 방법도 운영되고 있다.

2.2.3 특수 내화물

주로 피열물의 적재판 및 이동할 때 치구로 사용되는 붕판, 대판, 갑봉, 스키드 레일, Muffle(Retort) 등의 특수 내화물은 열강도가 있으며 피열물의 결합제와도 화학적으로 반응하지 않아야 되기 때문에 내화재와는 달리 특수 내화물로 제작되어야 한다. 요구되는 특성은 다음과 같다.

1. 급열 및 급냉에 강해야 함
2. 고온 강도가 있어야 함
3. 열전도가 높고 온도가 신속하게 균일해야 함
4. 내마모성이 좋아야 함
5. 피열물 및 爐 분위기 성분과 화학적 반응이 없어야 함

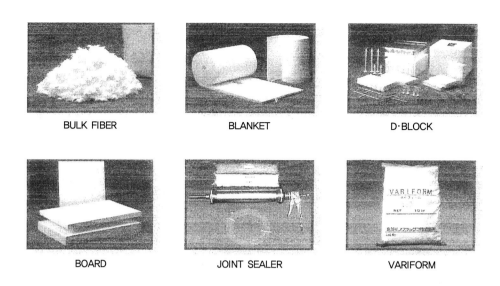

BULK FIBER	BLANKET	D·BLOCK
BOARD	JOINT SEALER	VARIFORM

그림 2-9 내화물의 종류

(1) Ceramic Fiber Board

세라믹 단열보드는 앞서 기술하였듯이 경량성 및 높은 단열성에서 효용가치가 뛰어나 Batch형 저항가열로의 내화재료로 가장 많이 쓰이고 있다. 그 제조사들 또한 일본 및 미국, 유럽(최근에는 중국까지 가세) 등 약 40여 개 업체가 넘는다. 국내에서도 1,400℃의 온도까지 사용할 수 있는 내화재를 개발하여 시판하고 있으나 사용빈도가 매우 적은 상태이다.

① Ceramic Board의 사용온도별 사양

종류(사용온도별)		1,200B	1,400B	1,600B	1,700B	1,800B
색상		백색	백색	백색	백색	백색
최고사용온도($^{\circ}$C)		1,200°C	1,400°C	1,600°C	1,700°C	1,800°C
밀도(kg/m^3)		130	220	400	400	200
Loss on Ignition (加熱 減量)		8.2	6.5	5.0	4.0	4.0
수축률(Linear Shrinkage) 최고사용온도×24hrs		−3.6	−2.4	−1.3	−0.6	−0.2
열전도율(W/m·k) kcal/m·h·$^{\circ}$C	400°C		0.09	0.12	0.13	0.21
	600°C		0.12	0.14	0.16	0.22
	800°C		0.15	0.17	0.17	0.23
	1,000°C		0.21	0.21	0.20	0.24
압축강도(Mpa/kgf/cm^2) 최고사용온도×24hrs			0.4/4.5	0.6/6.0	0.7/8.0	0.7/7.0
화학조성	Al$_2$O$_3$(%)	53	55	67	70	72
	SiO$_2$(%)	47	45	33	30	28
	Na(ppm)	120	200	130	110	≤10
	Fe(ppm)	48	90	60	70	

위의 자료에서도 볼 수 있듯이 보편적으로 내화단열 보드의 가열 후 수축률은 Binder 휘발 및 가열 후의 수축(Linear Shrinkage)까지 포함하여 전체 비율 약 3~4%선에 이른다. 따라서 爐벽 및 상부 축로 시 이러한 점을 꼭 감안하여 조립식 축로법을 사용하여야 한다. 특히 고온용 내화재의 상부 축로 시 원판 자체를 사용할 경우 고온열에 의한 수축 팽창이 자유롭지 못하여, 내화재에 균열(Crack)이 발생하고 결국에는 전기爐의 상부 내화물이 주저앉는 현상을 초래할 수 있다. 그러므로 고온 내화재를 사용할 때는 내화 보드를 잘게 나누어 주고, 고온용 Ceramic Pin으로 고정시키는 Slice 공법으로 설계할 것을 추천한다.

✎ 내화 보드 사용상 주의점 및 기타 축로 관련 상세 내역은 '제8장 전기로 제작법'에서 설명하기로 한다.

② Ceramic Board 사용 시 방산 및 축열량에 따른 내화재 겹별 온도상태

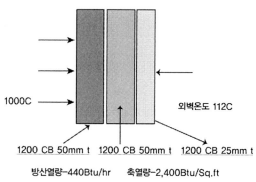

〈예 1〉 1,200°C용 Ceramic Board 3겹 축로 시

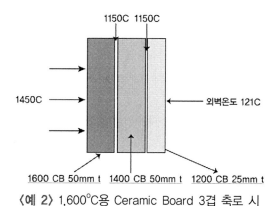

〈예 2〉 1,600°C용 Ceramic Board 3겹 축로 시

(2) Insulating Brick(내화연와)

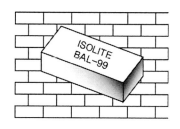

주로 연속로 및 생산용 Kiln에 주로 사용되는 내화연와
는 일명 내화벽돌로 불리며, 앞서 기술하였듯이 중량성이
있으나 밀도가 단열 Board의 약 5배 이상이 되어 축열성
이 뛰어나다는 장점이 있다. 현재 국내에서 사용되고 있는
내화연와는 주로 일본에서 수입되는 제품이나 최근 국내업체에서도 1,700°C까지 견디는 고온
내화연와를 판매하고 있으며, 제품의 성능 또한 안심하고 사용할 만큼의 수준에 이르렀다.

① 내화연와의 사용온도별 제품의 특징

종류(사용온도별)	1,200IB	1,300IB	1,400IB	1,500IB	1,600IB	1,700IB	1,800IB
최고사용온도($^\circ$C)	1,200	1,300	1,400	1,500	1,600	1,650	1,750
압축강도(kgf/cm^2)	6	8	10	10	15	60	150
비중	0.50	0.55	0.75	0.80	0.90	1.30	1.60
열전도율 kcal/m·h·$^\circ$C at 350°C	0.15	0.16	0.21	0.23	0.26	0.63	0.85
Fe_2O_3 함량(%)	0.8	0.8	0.86	0.81	0.55	0.32	0.2
재가열 수축률(%)	0.5	0.5	0.5	0.5	0.5	0.12	0.06
규격	115×65×230(mm)						

사용온도가 1,600°C 이상인 전기로의 축로를 내화연와로 할 경우에는 반드시 조립식 축로법을 사용하여야 한다. 고온 내화연와를 Cement 또는 Mortar를 사용하여 축로할 경우 고온에서의 축소 팽창을 견디지 못해 Bonding된 부분부터 균열(Crack)이 발생하고 상부부터 주저앉는 현상이 발생하므로 이 점에 주의하여야 한다.

✎ 내화연와의 사용상 주의점 및 기타 축로 관련 상세 내역은 '제8장 전기로제작법'에서 설명하기로 한다.

② 내화연와 사용 시 방산 및 축열량에 따른 연와별 온도상태

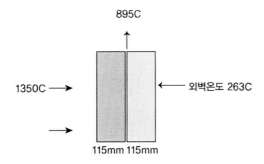

895C

1350C →

← 외벽온도 263C

115mm 115mm

방산열량-1,768Btu/hr   축열량-34,500Btu/Sq.ft

〈예 1〉 1,430°C 내화연와(Insulating Brick) 2겹 축로 시

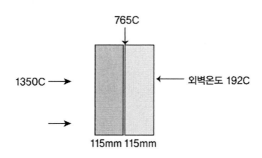

765C

1350C →

← 외벽온도 192C

115mm 115mm

방산열량-1,134Btu/hr   축열량-35,861Btu/Sq.ft

〈예 2〉 1,600°C용 내화연와(Insulating Brick) 2겹 축로 시

③ 특수 내화연와 – 전주내화물(Monofrax)

밀도가 높고, 피열물 가열 중 발생되는 휘발가스에 강해 주로 Glass Melting Furnace의 내측 내화물 및 Sodium Silicate Furnace Lining에 사용되며, $ZrO2$의 함량에 따라 차이가 있으나 1,600oC에서 최고 1,900oC까지 사용이 가능하다.

화학 조성(Typical Chemistry)	ZrO_2 34%, Al_2O_3 49%, SiO_2 15%, Others 3%
비중(Bulk Density / lb/ft^3)	238
압축강도(psi)(Cold Crushing Strength)	48,000

(3) Ceramic Bulk(Wool)

주로, 전기로 축로 후 마무리 작업 또는 발열체의 Hole을 충진해주는 역할로 사용되며, 열 충격에 강하고 축열량은 낮으나 여러 용도로 가공이 가능하다는 장점이 있다.

종류(사용온도별)		1,300W	1,400W	1,500W	1,600W
최고사용온도(°C)		1,300	1,400	1,500	1,600
색조		백색	백색	백색	백색
평균조직도(측정법 JIS A9504)		2.5μ	2.8μ	3μ	3μ
충진 밀도(kg/m^3)		60~250	100~250	100~250	120~300
진비중		2.63	2.77	2.75	3.6
비열(100°C) J/kg°C		1.0×10^3	1.0×10^3	1.0×10^3	1.1×10^3
화학조성	Al_2O_3	47	34	58	95
	SiO_2	53	50	42	5
	ZrO_2		16		

(4) Ceramic Blanket

단열성이 우수하고 축열량이 적어 급격한 온도 상승을 요하는 저항로의 단열재로 사용되며, 로 내외부 열팽창 부분의 방지용 Gasket Seal로도 이용된다.

종류(사용온도별)		1,200CB	1,450CB	1,600CB
최고사용온도($^{\circ}$C)		1,300	1,450	1,600
색조		백색	백색	백색
밀도(kg/m^3)		50~160	50~160	128
가열선 수축률(%)		1.4(1,100°C)	2.3(1,400°C)	2.1(1,500°C)
화학조성	Al$_2$O$_3$	0.3	47	72
	SiO$_2$	60~75	53	28
	CaO+MgO	25~40		

(5) Zirconia Board & Cylinder

최고사용온도가 2,200°C까지 가능하여 초고온용 산화 분위기 전기로에 사용되고 있다. 제품 형태는 Board와 Cylinder Type, 그리고 Disk형으로 구분되며 특징은 다음과 같다.

종류		Zirconia Board	Zirconia Cylinder
최고사용온도(Max. Use Temp.)		2,000°C	1,650°C
화학조성(Chemical Composition)		ZrO$_2$ 91%	ZrO$_2$ 86%
		Y$_2$O$_3$ 9%	Y$_2$O$_3$ 9%
		SiO$_2$ 0	SiO$_2$ 5%
무기 바인더(Inorganic Binder)		Zirconia	Zircon
비중 g/cc(Density)		0.96	0.48
축소율	1hr at 1,650°C	1%	2.5%
(Linear Shrinkage)	24hrs at 1,650°C	1.7%	4%
열전도율 btu/hr·ft^2	400°C	1.2	0.6
		1.3	0.8
(Thermal Conductivity)	800°C	1.5	1.0
	1,100°C	1.7	1.3
	1,400°C	1.9	1.6
	1,600°C		
압축강도 MPa(Compressive Strength)		1.59	0.89

• 내화물의 온도 상승에 따른 열손실, 축열, 외벽온도(Heat Losses, Storages & Cold Face Temperature For Refractory Walls)

내화물의 종류 및 두께	열손실/축열량 외벽온도	내화물 내부온도(전기로 내부온도, °C)				
		550	750	970	1,200	1,320
1,430°C Bric 230mm)	열손실(Btu/hr)	550	862	1,200	1,570	1,768
	축열량(Btu/sq.ft)	12,550	18,400	24,700	31,200	34,500
	외벽온도(°C)	140	180	214	247	263
1,400°C Fiber Board(1,15mm)+1,430°C Brick(230mm)	열손실(Btu/hr)	130	228	296	390	447
	축열량(Btu/sq.ft)	22,380	33,060	43,930	55,800	61,920
	외벽온도(°C)	64	83	102	116	127
1200°C Fiber Board (115mm)	열손실(Btu/hr)	185	300	440	–	–
	축열량(Btu/sq.ft)	1,180	1,750	2,400	–	–
	외벽온도(°C)	80	98	122	–	–
1,200°C Fiber Board (230mm)	열손실(Btu/hr)	95	159	225	–	–
	축열량(Btu/sq.ft)	2,260	3,420	4,620	–	–
	외벽온도(°C)	65	84	100	–	–
1,600°C Fiber Board (230mm)	열손실(Btu/hr)	142	218	312	416	474
	축열량(Btu/sq.ft)	3,170	4,790	6,480	8,230	9,160
	외벽온도(°C)	58	79	93	114	131
1,600°C Ceramic Board (230mm)+1,200°C Ceramic Board(115mm)	열손실(Btu/hr)	115	167	232	307	347
	축열량(Btu/sq.ft)	14,860	19,910	24,908	31,531	34,664
	외벽온도(°C)	51	72	84	101	107
1,600°C DenseCastable (230mm)	열손실(Btu/hr)	315	500	694	947	1134
	축열량(Btu/sq.ft)	13,120	19,960	26,355	32,019	35,861
	외벽온도(°C)	101	132	148	172	198

✋ 데이터는 위의 내화물(Refractory)을 축로하고 온도를 가하였을 때 온도에 따라 발생하는 열손실 및 축열량, 그리고 내화재 외벽의 온도가 어떻게 형성되는지를 알 수 있는 중요한 자료이므로, 전기로 제작 시 꼭 참조하길 바란다.

2.3 온도측정장치

　일반적으로 온도측정 장치는 온도를 감지하는 측온부와 측온부로부터 감지한 온도를 직접 또는 간접적으로 온도를 표시하는 표시부로 구성되어 있으며, 그 측정원리에 따라 접촉법과 비접촉법으로 구분된다.

　접촉법이란 서로 열평형이 되어 있는 2개의 물체를 접촉시키면 온도가 높은 열평형 물체에서 온도가 낮은 물체로 열이 이동하여 서로 동일화되려는 경향이 있는데 이 사실을 이용한 것이다. 비접촉식이라 함은 물체는 방사에너지를 방출하고 있고 그 방사 Energy의 강도는 온도와의 사이에 일정한 관계가 있다. 이러한 사실을 이용한 것으로 비접촉식은 움직이는 측정 대상이라도 온도의 측정이 가능하다.

- 접촉식 온도계의 종류
  - 액체의 열팽창을 이용한 유리제 온도계 및 수은 충만식 온도계
  - 금속의 열팽창을 이용한 Bimetal 온도계
  - 색의 변화를 이용한 측 온 Tape
  - 열기전력(emf)을 이용한 열전식 온도계
  - 열에 의한 저항변화를 이용한 저항식 온도계

- 비접촉식 온도계의 종류
  - 측정대상에서 발하는 빛에 계기의 전구 Filament색을 일치시켜 측정하는 광고온계
  - 적외선 방사를 이용한 방사온도계

　위와 같이 온도계에는 여러 가지 형태가 있으나 여기에서는 전기로에 주로 쓰이는 열전대식 온도계(Thermocouple)와 방사온도계(Pyrometer)에 대하여 설명하기로 한다.

2.3.1 열전식 온도계(Thermocouple)

(1) 원리

열전대는 2종의 다른 금속의 일단을 용접하여 개회로를 만들고 양단 접점 간에 온도차를 주면 그 온도차와 일정한 관계가 있는 열기전력이 발생한다(이것을 ZeebeK 효과라 함). 이 때 일단에 온도계를 이용하여 측정하는 방식이 열전온도계이며 이 원리를 이용한 2종류의 금속선을 조합하여 열전대(Thermocouple)라고 한다.

(2) 특징

공업용 열전대는 다른 온도계에 비해서 다음과 같은 특징이 있다.

- 응답이 빠르고 시간지연 Time Lag에 의한 오차가 비교적 적다.
- 열기전력을 이용하여 온도를 검출하므로 지시, 조절, 증폭, 제어 등의 정보 처리가 용이하다.
- 적절한 열전대를 선정하면 0~2,500°C 온도범위까지의 측정이 가능하다.
- 특정의 점 및 장소 등의 온도 측정이 가능하다.

(3) 계측법

양소선 상호 간의 단락을 방지하는 절연 관을 사용하고 소선이 피측정물이나 분위기 등에 직접 닿지 않도록 보호관을 넣어서 사용하고 기준점은 일정한 기준온도(보통 0°C)로 보정하여야 한다.

(4) 사용상의 주의

정확한 온도를 측정하기 위해서는 사용 장소 및 용도에 따라 열전대를 선정하는 것이 가장 중요하다. 내열, 내식, 내구성을 포함한 보호관 선정 및 설치방법, 그리고 설치위치 등에도 주의할 필요가 있다.

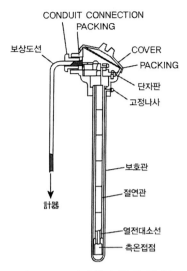

CONDUIT CONNECTION PACKING

보상도선

COVER

PACKING

단자판

고정나사

보호관

절연관

계器로

열전대소선

측온접점

그림 2-10 열전대의 형태 및 구조

(5) 열전대의 종류

① 'C' Type 열전대

재질	($W \cdot Re - W \cdot Re$) +쪽(CP)에 95%의 텅스텐(Tungsten)과 5%의 레늄(rhenuim) −쪽(CN)에 74%의 텅스텐(Tungsten)과 26%의 레늄(rhenuim)
소선의 지름	$0.5mm\phi$
사용온도 범위	$0 \sim 2,315^{\circ}C$
특징	불활성 또는 진공 분위기 하에서만 사용이 가능하며 보호관은 주로 무기 절연물을 사용하나 간혹 산화 Beryllium 절연체와 다른 한쪽은 Molybdenum 또는 Tantalum Sheath와 함께 자주 사용된다.

② 'B' Type 열전대

재질	$(Pt \cdot Rh \ 30\% - Pt \cdot Rh \ 6\%)$ ＋쪽에 로듐 (Rh) 30%를 포함한 백금(Pt) 로듐 (Rh) 합금 －쪽에 로듐 (Rh) 6%를 포함한 백금(Pt) 로듐 (Rh) 합금
소선의 지름	0.5mmϕ
사용온도 범위	70~1,700°C
특징	로듐(Rh)의 함유량에 따라 기계적인 강도가 상승하고 순백금의 사용 중에 생기는 ＋쪽으로부터 －쪽으로의 확산에 의한 열기전력 특성의 열화를 방지하는 것을 목적으로 하는 열전대이다. 산화성 및 중성 분위기 중에서의 연속 사용이 가능하고 환원성 분위기에서도 보통의 'R' Type보다는 수명이 높으나, 저온에서는 열기전력이 극히 작기 때문에 온도 정밀도는 떨어진다는 취약점이 있다.

③ 'R' Type 열전대

재질	$(Pt \cdot Rh \ 13\% - Pt)$ ＋쪽에 로듐(Rh) 13%를 포함한 백금(Pt) 로듐(Rh) 합금 －쪽에 순 백금(Pt)
소선의 지름	0.5mmϕ
사용온도 범위	0~1,600°C
특징	고순도 백금의 귀금속을 사용하기 때문에 KS 규격에 의한 ±0.25%의 오차를 충분히 만족시키는 높은 정밀도를 갖고 있다. 하지만 진공 및 환원성 분위기, 금속 증기 분위기 등에서는 직접 사용하는 것을 피해야 한다. 보호관 및 절연 관에는 철 함유량이 낮은 고순도 알루미나 재질을 사용해야 하며, 또한 열전대 자체의 취급에도 주의를 요하며 손의 땀이나 기름으로 훼손되지 않도록 알코올이나 벤젠 등으로 오염을 제거하는 것이 중요하다.

④ 'S' Type 열전대

재질	$(Pt \cdot Rh\ 10\% - Pt)$ +쪽에 로듐(Rh) 10%를 포함한 백금(Pt) 로듐(Rh) 합금 −쪽에 순백금(Pt)
소선의 지름	0.5mmϕ
사용온도 범위	0~1,550°C
특징	특징은 R Type와 동일하며 오차에서 약간 떨어지는 단점이 있다. 주로 양산용 연속 爐에 주로 쓰이며 사용상 주의점도 R Type과 동일하다.

⑤ 'K' Type 열전대

재질	*(Chromel−Alumel)* +쪽에 크롬(Cr)을 약 10%를 포함한 니켈(Ni) 크롬(Cr) 합금(Chromel) −쪽에 알루미늄(Al) 망간(Mn)을 조금 포함한 Ni 합금(Alumel)
사용온도 범위	0~1,200°C
특징	현재 공업용 열전대로 가장 많이 사용되고 있으며 신뢰성이 비교적 높다고 할 수 있으며, 기전력 특성상 직선성이 양호하며 비교적 내열, 내식성이 높은 것이 특징이다. 특히 금속증기 및 공기 중, 그리고 O_2, N_2, CO_2 Gas 중에서 기전력이 안정되어 있다. 그러나 환원성 Gas(H_2, CO) 및 산소압이 낮은 조건에서는 Chrome 선의 열화가 발생하는 Cr 선택산화현상이 생겨 기전력치가 크게 저하하여 큰 오차를 발생시키는 경우가 있으므로 사용할 때 충분한 배려가 필요하다.

🖋 'K' Type의 열전대를 사용할 경우에는 소선의 두께에 따라 온도 측정 범위가 다르니 상기 사항을 숙지하여 온도에 따른 소선의 지름을 선택하여야 한다.

소선의 지름	상용한도온도	최고온도
1mmϕ	800°C	950°C
1.6mmϕ	900°C	1,050°C
2.3mmϕ	950°C	1,100°C
3.2mmϕ	1,050°C	1,200°C

⑥ 'E' Type 열전대

재질	(Chromel-Constantan) +쪽에 크롬(Cr)을 약 10%를 포함한 니켈(Ni) 크롬(Cr) 합금(Chromel) -쪽에 구리(Cu) 55%와 니켈(Ni) 45% 합금(Constantan)
사용온도 범위	소선의 지름이 1.0mmϕ일 때 0~550℃ 소선의 지름이 3.2mmϕ일 때 0~750℃
특징	공업용 열전대로서는 기전력이 가장 큰 것이 특징이다. 우리나라에서도 수요가 급속히 증가하고 있으며, 대형 화력/원자력 발전소 등에서 주로 이용하고 있다. 사용할 때 'K' Type과 같은 배려가 필요하고 현재 사용하고 있는 열전대 중에서는 전기저항이 가장 높기 때문에 사용 계기의 선택에 충분한 주의가 필요하다.

⑦ 'J' Type 열전대

재질	(Iron-Constantan) +쪽에 순철(Fe) -쪽에 구리(Cu) 55%와 니켈(Ni) 45% 합금(Constantan)
사용온도 범위	소선의 지름이 1.0mmϕ일 때 0~450℃ 소선의 지름이 3.2mmϕ일 때 0~650℃
특징	환원성 분위기(H2, Co 등) 중에서의 사용이 적절하며 기전력 특성이 'E' Type 다음으로 높은 것이 특징이다. 비교적 값이 싸기 때문에 손쉽게 측정할 경우에 사용이 용이하다. 하지만 수분을 포함한 산화 분위기 내에서는 심한 산화가 발생하므로 이 점에 충분한 주의가 필요하다.

⑧ 'T' Type 열전대

재질	(Copper-Constantan) +쪽에 순(Cu) -쪽에 구리(Cu) 55%와 니켈(Ni) 45% 합금(Constantan)
사용온도 범위	소선의 지름이 1.0mmϕ일 때 0~200℃ 소선의 지름이 3.2mmϕ일 때 0~300℃
특징	비교적 저온에서 사용되며 약산화 분위기 및 환원성 분위기에서 사용이 적당하다. 기전력은 일반적으로 안정해서 정밀도가 높고 취급이 간단하다는 특징이 있다.

2.3.2 비접촉식 온도계

물체가 온도에 따라 표면에서 나오는 복사에너지의 세기에 의해 물체의 온도를 측정하는 계기로 철강, 자동차, 전기등 여러 분야에서 사용되고 있으며, 저항가열로의 경우 열전대(Thermo Couple) 사용에 한계가 있는 2,000°C용 Zirconia 발열체 전기로 및 초고온용 진공로 등에서 이용된다. 비접촉식 온도계의 종류는 광고온계(Optical Pyrometer), 방사온도계(Radiation Pyrometer), 광전판 온도계 및 색온도계 등이 있으며, 여기서는 저항가열로에 주로 쓰이는 광고온계와 방사온도계에 대해 알아보기로 한다.

(1) 방사온도계(Radiation Pyrometer)

일반적으로 물체는 발광하는 온도(약 600°C)보다 훨씬 낮은 온도에서도 방사를 한다. 따라서 피 측온 물체의 표면에서 나오는 전체 방사에너지를 렌즈 또는 반사경으로 모으고, 열전대열에 흡수시키면 이 열전대의 열의 온도가 상승한다. 이 원리를 이용한 것이 방사온도계이다. 방사온도계(복사온도계)는 원리적으로는 열복사에 관한 슈테판 볼츠만의 법칙 및 빈의 변위법칙을 기초로 하였으며, 직접 접촉할 수 없는 물체, 예로 제강 중인 저항가열爐 내의 온도 측정에 주로 사용되어왔다. 넓은 파장 영역에 걸쳐서 대상물로부터 복사열을 수집하고, 그것의 전체 Energy로부터 온도를 구하는 방식으로 광고온계와는 달리 비교적 저온(−50°C)도 측정할 수 있으며 응답이 신속해 다양한 분야에 사용되고 있다. 주로 쓰이는 사용범위는 200°C에서 3,000°C까지이고 보편적으로 정밀도는 ±7.5°C 정도이다.

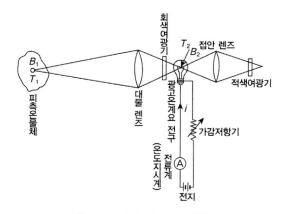

그림 2-11 방사 온도계의 원리도

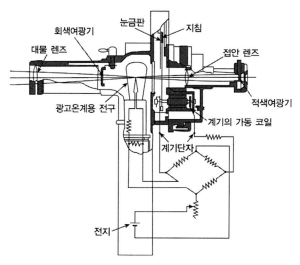

그림 2-12 방사온도계 검출부의 구조

(2) 광고온계(Optical Pyrometer)

방사고온계가 전방사선을 측정하는 데 반하여, 가시 부분의 단색광을 취하여 측정하는 고온계를 광고온계라 한다. 광고온계는 측정물의 휘도(輝度)를 표준램프의 휘도와 비교하여 온도를 측정하는 것으로, 700°C가 넘는 고온체, 특히 직접 열전대식 온도계를 사용할 수 없는 고온체의 온도를 측정하는 데 이용된다. 광고온계의 주(主)가 되는 구조는 측정물을 관측하는 렌즈 속의 전지와 가변 저항을 직렬로 접속하여 휘도를 조정하는 램프가 있다. 접안렌즈를 들여다보면서 렌즈의 시야 내에서 배경으로 되어 있는 측정물의 휘도와 동등해지도록 조절하면, 그때 전류계에 측정물의 온도를 확인할 수 있는 방법으로 정밀도는 1,000°C에서 2,000°C의 측정범위를 놓고 볼 때 ±10°C이다.

또한 가시광선 중 적색 단색광선(파장 0.65μ)에서 측정할 수 있도록 접안렌즈에 적색 Filter를 부착하여 사용하는 경우도 있다.

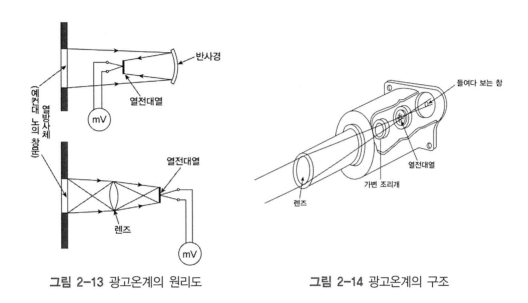

그림 2-13 광고온계의 원리도　　　　　그림 2-14 광고온계의 구조

2.4 온도조절장치

피열물을 원하는 溫度로 열처리하기 위해서 열원인 가열 전력을 가감하는 것을 온도조절 또는 온도제어라고 한다. 그 중에서도 일정온도로 유지하는 것을 정치제어(定置制御), 온도를 시간의 경과와 함께 미리 정해진 대로 변경시키는 것을 프로그램 제어라고 한다. 온도조절장치는 크게 검출부 및 제어조작부 두 가지로 구분되고, 주요 소재로는 온도조절기(Temperature Controller), 전력조절기(Thyristor), 변압기(Transformer) 등이 있으며, 사용용도는 다음과 같다.

2.4.1 온도조절기

일반적으로 저항가열로에서 사용하는 온도조절기(Temperature Programmable Controller)는 열전대, 측온저항장치, 직류 전압 등의 입력을 받아 PID(비례·미분·적분) 제어에 의해 Relay, SSR, 전류 출력 등으로 제어한다. 입력주기(Sampling 주기)가 100ms 측정 입력 정도가 ±0.1% FS의 성능을 가지고 있어서 온도제어와 입력응답이 빠른 유량, 압력제어 등에도 사용되고 있다. 보편적으로 전기로의 온도를 조절하는 Temperature Controller는 조절 동작에 따라 분류되며 내용은 다음과 같다.

(1) On-Off 동작형

Process를 예로서 설명하면 제어량이 목표치(설정치)보다 작은가 또는 큰가, 즉 그 편차의 극성에 따라서 값(Value)을 전개 또는 전폐시키는 방법으로, Process에 최대 열량을 공급하거나 공급하지 않는 방식으로 전폐의 2위치를 제어하므로, On-Off 제어라 한다.

(2) 비례 동작형(Proportional Control)

비례 제어란 조작량의 편차에 비례하여 연속적으로 변화하는 제어방식으로 제어량의 변화에 따라 Control Value가 연속적으로 제어되는 형을 말한다. 비례 조절계의 입출력 관계에 따른 제어식은 다음과 같다.

$$M = \frac{100}{P} \times e + b$$

* P : 비례대($\frac{100}{P}$를 비례 GAIN이라 함)

　　e : 제어편차

　　b: Bias

일반적으로 조작량이 50%로 평형하는 경우에는 편차가 0이 되지만 그 외의 조작량을 얻기 위해서는 반드시 편차가 존재해야 하며, 비례제어에서는 제어 편차가 발생하여 목표치(V)

와 제어량(X)이 똑같은 경우는 없고 편차(e)가 생겨야 하며, 이를 Offset이라고 한다.

$$e = \frac{P(M-b)}{100}$$

비례대(P)를 적게 하면 Offset도 적어지므로 P 값이 작은 것이 좋다고 할 수 있으나 P를 작게 하며는 과도진동(Chattering)이 일어나기 때문에 제한이 있다.

(3) 적분 동작형

적분제어란 조작량이 시간의 적분에 비례하는 제어방식으로 편차가 존재하는 한 조작량도 계속 변화하여 편차가 없어지는 곳에서 안정된다는 원리를 이용한 것이다. 즉, 적분제어에서는 OFFSET 현상이 없다는 이야기이다. 아울러 적분 시간이 짧을수록 편차에 대하여 강한 수정 동작을 하며 이 때문에 비례동작과 조합하여 PI(비례적분) 동작으로 널리 사용된다.

$$M = \frac{100}{P}\left(\frac{1}{e + T1 \int edt}\right) \qquad * \ T1 : 적분시간$$

PI(비례적분) 동작을 사용하면 제어량을 목표치에 가깝게 유지할 수 있다는 장점이 있는 방면, I(적분) 동작이 등가적으로 지연되기 때문에 System을 진동적으로 만들기 쉬운 단점도 있다. 특히 전달 지연이 큰 Process나 Loose Time이 있는 경우 안정성이 없어지므로 적분 시간의 조절에 따라 문제점을 일으킬 수도 있다.

(4) 미분 동작형(Derivative Control)

미분동작은 단독으로 사용할 수 없기 때문에 P(비례)동작이나 PI(비례적분)동작과 조합하여 사용한다.

$$PD \ 동작을 \ 식으로 \ 보면 \ M = \frac{100}{P}\left(\frac{de}{e + T_D dt}\right)$$

즉, PD(비례미분) 동작은 적분동작이 갖는 Lead 시정수로서 Process의 지연을 어느 정도 보상할 수 있는 기능을 가지므로, 비례대를 좁게 하여도 System을 안정시킬 수 있다는 장점이 있다.

(5) PID 동작형(비례, 미분, 적분 동작형)

최근 저항가열로 온도조절기의 대부분에 사용되고 조절 방식으로, PID 제어란 PI(비례미분) 동작과 PD(비례적분) 동작의 장점을 조합하여 적분 동작에 의해 Offset을 없애고 미분동작에 의해 과도응답을 최소화한 것으로 그 동작 식은 다음과 같다.

$$M = \frac{100}{P}(\frac{1}{e + T1 \int edt} + \frac{de}{T_D dt})$$

① 온도조절기의 종류

온도조절기는 ANALOG형과 DIGITAL형이 있으며 현재 전기로에 응용되고 있는 대부분의 온도조절기는 DIGITAL형으로 다음과 같이 구분된다.

㉠ Temperature Controller(정치제어용)

PID 작동방식을 이용한 정치제어용으로 주로 연속로의 온도조절기로 사용된다. 온도 Setting Value를 설정하는 Display 화면(SV)과 열전대로부터 검출한 온도를 읽어주는 Process Valve를 나타내는 PV 화면으로 구성되어 있으며, 출력은 자동 또는 수동으로 조절이 가능하도록 되어 있다.

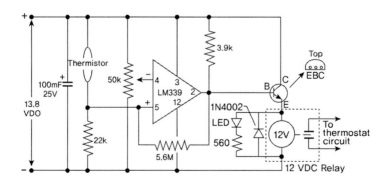

ⓒ Programmable Temperature Controller

PID 작동방식을 이용한 Program형으로 주로 비연속 爐(Batch Furnace)의 온도조절기로 사용된다. 모양은 정치제어용 온도조절기와와 동일하나 온도 및 시간 Setting Point(일명 Segment라 불림)가 Step별로 설정 가능하도록 되어 있으며, 기종에 따라 4Step에서 16Step, 그리고 Program도 제품의 종류별로 2에서 16까지 광범위하게 설정할 수 있다. 특히 본 기종은 Step별로 Option 기능이 추가되어, 온도 및 시간에 따라 분위기 및 기타 장치제어를 하나의 Program에서 총괄할 수 있도록 기능이 다양한 장점이 있다. 최근에는 각 제조사마다 약간의 차이는 있으나 Temperature Controller에 RS 232 또는 435 Interface를 표준 부착하여 Personal Computer와 Relay하여 온도 및 기타 기능을 조절하여 사용할 수 있도록 설계되어 있다.

그림 2-15 각종 온도조절기 및 기록계

2.4.2 전력제어장치(Power Controller)

별도의 장치 동작용 전원을 공급하지 않고 온도조절기로부터 받은 전류제어신호(DC 4~20mmV, DC 0~5V, DC 0~10V 등)를 동작전원으로 사용하면서 부하의 위상제어가 가능한 전력제어장치로 종류로는 다음과 같다.

(1) SSR Type

Solid State Relay라 불리며, 주로 금속 발열체 전기로에 사용되고 무접점 Relay 방식으로 전원을 제어하는데, 제어방식은 On-Off형 0, 또는 100%의 전원이 공급된다. SSR 전력 제어기는 제어의 특징상 온도 Hunting 현상이 심화하여 비금속 발열체를 사용할 경우 발열체의 수명 및 기능에 심각한 영향을 끼친다. 고로 SSR형은 금속 발열체 사용 전기로에 주로 적용되며 가격이 저렴하다는 장점이 있다.

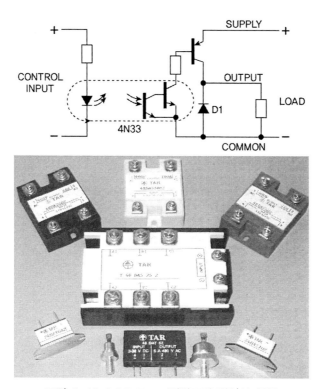

그림 2-16 S.S.R Type 전력조설 장치의 형상

(2) SCR Type

Silicon Controlled Rectifier(실리콘 정류 제어소자) 또는 총칭하여 Thyristor라 불리며 한마디로 수도꼭지 조절과 같이 전원의 양을 제어할 수 있다. Current Limit 기능(Soft Start)이 표준화되어 제어초기에 과전류가 흐르는 것을 방지할 수 있다는 장점이 있어 비금

속 발열체의 전원제어장치로 주로 쓰인다.

SCR Unit는 일반형을 비롯하여 입력전압의 변화와 상관없이 출력이 변하지 않는 '정 전압형' 및 '정 전류형', '정 전력형', 그리고 '제어 크로싱형(사이클 제어)'이 있으며 발열체의 종류 및 용도, 부하의 용량에 따라 다양한 선택이 가능하다.

① 정전압(전류) 제어방식

온도 검출이 곤란한 대상의 온도를 개별, 또는 일괄 제어하는 경우에는 일반적으로 정전압 제어가 채용된다. 이 방식은 제어계에 대한 다소의 외란을 무시하고 전기로에 가해지는 전압의 평균치 또는 실효치를 일정하게 제어하는 형태로, 온도 검출 방식의 조절계로부터 귀환신호 대신 전기로 내 온도를 검출하여 전력조정기의 신호로 하는 방식을 말한다.

이때 제어를 평균치 제어를 할 것인가, 실효치 제어를 할 것인가의 문제는 발열체의 발열효과가 실효전력에 의하여 지배되므로 온도 제어에는 후자의 경우가 바람직하다고 본다. 그러나 일반적으로 전압의 실효치 검출은 평균치 검출에 비하여 고도의 기술이 요구되어 가격이 고가이므로 요구하지 않는 제어 대상에 대해서는 일반적으로 평균치 제어가 채용되고 있다.

② 정전력 제어방식

탄화규소 발열체나 몰리브덴 발열체 등 요업발열체는 순 저항 발열체(주로 금속 발열체)와는 다르게 사용 중 또는 온도변화에 의한 저항치가 대폭적으로 변화되어 때로는 과전력 또는 부족전력이 되어 발열체의 수명을 현저하게 단축한다. 이러한 결점을 해결한 것이 정 전력 제어방식이며, 정 전력 제어를 하기 위해서는 실효 전압 및 실효전류의 두 요소를 검출하고, 합성회로의 비 직선성을 이용하여 피상전력과 역률의 적, 즉 실효전력을 검출함으로써 가능하다고 볼 수 있다. 따라서 정 전력 제어장치에서는 상기의 전력 검출기가 게이트 제어부의 전단에 설치되는 특징을 가지고 있다.

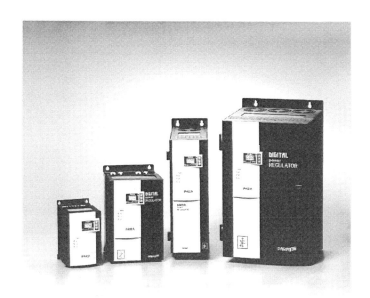

그림 2-17 SCR 전력제어장치의 형상

2.4.3 변압기(Transformer)

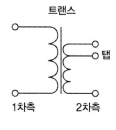

변압기(Transformer)의 원리는 코일의 상호유도작용을 이용한 것이다. 즉, 두 코일을 가까이 하면 한쪽 코일의 전력을 다른 쪽 코일에 전달할 수 있다는 간단한 원리를 적용한 것으로, 전력을 공급하는 쪽의 코일(입력)을 1차 측, 전력을 꺼내는 쪽(출력)을 2차 측이라 한다.

1차 측 권수와 2차 측 권수의 비율에 따라 2차 측의 전압이 변화되며, 2차 측에서 권선의 도중에 선을 내어(Tap이라고 불림) 복수의 전압을 얻을 수 있도록 한 것이 저항가열로에서 주로 사용되고 있다.

일반적으로 변압기는 부하변동이나 과부하에 대하여 전기적으로나 기계적으로 견고하게 제작 되어야 한다. 따라서 권선의 설치는 견고한 구조로 이루어지고 적당한 리액턴스를 갖게 하든가, 또는 리액턴스 코일을 회로에 삽입하는 것도 바람직하다.

발열체 단원에서 이미 설명하였듯이 탄화규소 발열체를 사용한 전기로의 변압기에는 전력을 대폭적으로 조정할 필요가 있으므로 몇 개의 Tap Switch(전압 절환 스위치)를 1차 측에 설정하는 것이 좋다.

2차 측은 대 전류이기 때문에 도체가 굵고 Tap의 절환에 불편하므로 보편적으로 1차 측에서 Tap 절환을 한다. 하지만 여기서 주의할 점은 Tap 설정을 단자에 가까운 곳에 하면 안 된다. 그 이유는 여유코일이 자속을 자르고 여분의 전압을 권선에 걸기 때문이다. 따라서 TAP의 설정은 권선의 중앙 가까이에서 절환할 수 있도록 주의해야 한다.

2차 측은 앞서 설명하였듯이 대전류이므로 구출선에 특히 유의할 필요가 있으며, 여러 개로 분할하여 다음과 같이 설계하는 것이 옳다.

- 표피작용 등에 유의하여 도체의 단면적을 유효하게 사용한다.
- 3상의 경우 각 상의 도체 임피던스가 평행하도록 한다.
- 될수록 짧게 하여 자기 인덕턴스를 작게 하고, 3상 도체를 상호 접근시켜 상호 인덕턴스를 작게 한다.

변압기의 구조로는 내철형과 외철형이 있는데, 내철형은 코일을 견고하게 설치하기가 쉽고 단락에 대하여 강하며, 기름순환이 양호하고 고압코일의 절연도 용이하다는 장점이 있다. 외철형은 구출선을 내기가 쉽고 또 적당한 리액턴스를 부여하는 것이 용이하다는 특징이 있다.

저항가열로(전기로)의 부하는 단위가 크므로 공급된 전로망(電路網)에 상당한 영향을 미친다. 따라서 될 수 있으면 변압기의 상별로 평형된 부하가 되도록 조작 설계하는 것을 원칙으로 하고 있다. 물론 爐의 가열조작에도 영향을 받으므로 전력이 평형만을 우선으로 할 수 없지만, 각 상의 전력이 평형되면 1차 측에서 평형된 전력을 받게 되므로 매우 편리하다는 장점이 있다.

2.4.4 기타

저항로 제작에는 앞서 기술한 주요 소재뿐만이 아니라, 저항가열로의 종류 및 형태, 그리고 피열물의 열처리 용도에 따라 다양한 소재가 구성된다.

(1) 특수내화물

붕판, 대판, 스키드레일 및 지주(Post) 등을 말하며 Batch Furnace의 경우 제품의 적재용으로 사용하고 연속 爐에서는 제품의 이송장치 및 내장재로 필수적인 소재이다. 일반적으로 대판은 爐 내에 넣었다가 빼내기도 하고, 적재하기도 해야 하기 때문에 열강도가 있어야 하며, 피열물의 결합제와도 반응하지 않아야 하기 때문에 특수 내화물이라 하며 요구되는 특성은 아래와 같다.

- 급열 급냉에도 깨지지 않아야 함
- 고온에 강하여야 함
- 열전도가 높고, 온도가 신속하게 균일해져야 함
- 내마모성이 좋아야 함
- 피열물은 물론 爐 분위기 성분과 화학적 반응을 하지 않아야 함

특수 내화물의 재질로는 탄화규소질 이외에 여러 가지가 있으며 특징 및 용도는 다음과 같다.

재질	특징	용도
탄화규소질	열전도율, 열간 강도, 내마모성 및 내화성이 우수함	중·고온 爐(1,100~1,450°C)의 붕판, 대판, 레일, 갑봉 등에 사용됨
고순도 알루미나 치밀질	고순도이며 고온 강도가 좋음	고온 爐(1,500~1,800°C)의 대판, 레일, 지주 등으로 사용됨
뮬 라이트 질	내식성이 강함	중·고온 爐(1,100~1,450°C)의 도구연와, 대판, 로관 등으로 사용됨

특수 내화물에는 연속 로의 제품적재에 사용되는 Sagger 또는 Boat(Tray), Basket 등도 포함되며 온도에 따른 재질의 선택이 필요하다.

(2) 운송(運送) 또는 이송장치(移送裝置)

연속 爐뿐만 아니라 Batch(비연속 爐)에서도 爐의 형태에 따라 이송 및 운송장치는 필수적으로 선택되어야 하는 사항이며, 이러한 장치들은 고온에서 구동되므로 자체적으로 팽창되기도 하고 경화하기 때문에 가급적이면 내마모성이 있는 것으로 선정하는 것이 바람직하다. 또한 고온에서도 마찰(摩擦)부분에 윤활제를 가하는 것이 불가능하므로 충분히 고려하여 최적의 재질 및 구조를 선택할 필요가 있다.

연속 로의 재료 운송장치는 일반적으로 Pusher형, Conveyor Belt형, Straight형 등이 있으며, 각각의 형식마다 부수적인 장치가 병행되어야 한다. 예를 들어, Conveyor형인 경우 Belt(Mesh 또는 Ceramic) 또는 Roller가 필요하며 사용온도 및 분위기 조건에 따라 재질의 선정이 다양하다.

Batch 爐도 Chain, Hoist, Handle 및 爐의 형태에 따라 Rail와 Sealing 소재 등이 필요하며, 사용온도에 따라 재질의 올바른 재질의 선정이 있어야 한다.

(3) 로 심관(Muffle, Retort)

저항가열로(전기로)는 로 심관(Muffle / Retort)이나 Tube, 알루미나 Muffle 등을 이용하여 자유로이 爐 내의 분위기를 변화시킬 수 있다는 뛰어난 특징을 가지고 있다.

이러한 Muffle 등은 연속 로 및 Batch 爐에서 爐의 종류 및 분위기 가스의 종류에 따라 다양하게 사용되고 있으며, 그 종류 및 용도는 다음과 같으며 종류별 상세 내용은 추후 전기로의 종류 및 특성편(제5장)에서 다루기로 한다.

Muffle의 종류	특징	사용용
Stainless Steel 304	-	600°C 이하의 분위기 가스, 열처리용 연속 로에 응용
Stainless Steel 310S	-	950°C 이하의 분위기 가스, 열처리용 연속 로에 응용
Inconel 601	-	1,150°C 이하의 분위기 가스, 열처리용 연속 로에 응용
Mullite Muffle 또는 Tube	고온강도가 강하나 냉각 또는 열 충격에 약하므로 사용 시 주의를 요함	고온 처리 및 환원 분위기가 필요한 금속분말의 접합 및 열처리에 응용되는 연속 로에 응용
Alumina Muffle 또는 Tube	치밀질이며 내식성이 뛰어나나 사용온도에 한계가 있음. 1,400°C까지 가능	주로 Tube로 쓰이며 연구용, 장비의 분위기 가스 용도로 응용되고 있음

(4) 기타 저항가열로의 소재

앞서 기술한 소재 외에도 저항가열로에는 그 사용 목적 및 형태의 구성에 따라 다양하고 광범위한 소재가 소용된다. 개략적인 것은 아래와 같다.

① 분위기 가스의 사용 목적에 따라
- 유량계(Flow-Meter)
- Digital 유량계(Mass Flow Controller & Read-Out)
- 가스압력 Regulator 및 Gauge
- 산소농도 측정 Sensor 및 주변 장치
- 진공 Pump 및 Gauge 등 주변 장치
- 각종 Pitting Union 및 Valve
- Gas Re-cycling System
- Gas Analyzing System 외

② 온도 및 장치제어의 구성에 따라

- Program Logic Controller
- Data Acquisition System Including Touch Screen
- Temperature Recorder
- Over Temperature Protection
- Temperature Indicator 등

③ 연속 爐의 이송장치 구성에 따라

- 감속 Motor & Invertor
- Conveyor Belt
- Radiation Shield
- Encounter 등

④ 저항로의 분위기 대류의 용도에 따라

- Fan Blower
- Circulation Fan 등
- Atmosphere Separator 외

03
전기로의 전력소요량(열량)
계산공식

03 전기로의 전력소요량(열량) 계산공식

전기로의 용량 선정은 피열물의 온도조건, 처리량, 열처리 Profile이 결정되면 爐 형식을 고려하고 전기용량을 결정한다. 전기용량은 로의 형식에 맞추고 로의 각 부분에서부터 방열 및 축열(피열물 포함) 등을 각각 산출하여 그 합계로 결정된다.

3.1 식 1: 일본전기로학회 제공 전력소요량 계산법과 응용

다음 전력소요량 산정법은 일본열처리학회에서 제공한 공식이며 일반적인 절차의 실험식으로 보면 적당하다.

$$P = Ca^{0.9}\theta^{1.55}t^{-0.5}\alpha$$

여기서 P = 爐의 설비전력량(kW)

C = 爐의 사용내화재 종류

** 내화연와(Insulating Brick)인 경우 25

** 내화보드(Ceramic Fiber Board)인 경우 18

a = 爐 내 면적(m^2)

θ = 爐 내 사용 또는 최대온도($\times 10^3 \, ^\circ\text{C}$)

t = 공 爐(Empty) 상태에서의 승온시간(H)

α = 여유율(피열물의 적재량 및 방열 고려 선정)

상기공식을 이용하여 일반 Batch식 저항가열로의 전기용량을 구해보기로 한다.

〈예제 1〉

- 저항로의 조건: 공로 상태
- 피열물 처리온도: 1,500°C
- 爐 내 유효수치: 400W×400D×300H(mm)
- 승온시간(1,100°C까지): 4시간
- 여유율(피열물 적재량 고려): 1.3배

(1) Cermic Fiber Board를 사용한 저항로의 경우

- 내화재 계수: 18
- 爐 내면적(m^2): 0.818

  $< \{(0.4 \times 0.4) + (0.4 \times 0.3) + (0.4 \times 0.3)\} \times 2 >^{0.9}$

- 사용온도($\times 10^3 \, ^\circ\text{C}$): $1.5^{1.55} = 1.87$
- 승온시간(Hour): $4^{-0.5} = 0.5$
- 여유율(피열물 적재량): 30% 추가(1.3배) = 1.3

따라서 P(전기용량) = 18×0.818×1.87×0.5×1.3 = 17.8kW이다.

(2) 내화 단열 연와(Insulatong Brick)를 사용한 저항로의 경우

- 내화재 계수: 25

– 爐 내 면적(m^2): 0.818

  $< \{(0.4 \times 0.4) + (0.4 \times 0.3) + (0.4 \times 0.4)\} \times 2 >^{0.9}$

– 사용온도($\times 10^3$ °C): $1.5^{1.55} = 1.87$

– 승온시간(Hour): $4^{-0.5} = 0.5$

– 여유율(피열물 적재량): 30% 추가(1.3배) = 1.3

따라서 P(전기용량) = $25 \times 0.818 \times 1.87 \times 0.5 \times 1.3 = 24.8$kW이다.

☞ 위의 공식은 爐 제작 또는 구입 시 반드시 선행되어야 할 전력량 산출공식이므로 가능하면 암기하여 두기 바란다.

3.2 식 2: 전열 및 방산, 외벽 온도를 고려한 열량 계산법과 응용

각 爐 내화벽을 통과하는 대류 흐름에 따른 열량 변화를 계략적으로 보면 다음 그림과 같다.

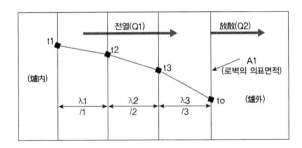

$$Q1 = \frac{\lambda 1}{l1} \times (t1 - t2) = \frac{\lambda 2}{l2} \times (t2 - t3) = \frac{\lambda 3}{l3} \times (t3 - t0)$$

$$= \frac{(t1 - t0)}{\dfrac{l1}{\lambda 1} + \dfrac{l2}{\lambda 2} + \dfrac{l3}{\lambda 3}} = Q1 = Q2$$

여기서 Q1 = 각 로벽 간 단위시간, 단위 면적당 열전도율(Kcal/m²h)

Q2 = 단위시간, 단위면적 외벽면 정지공기 방산열량(Kcal/m²h)

t1 = 내벽온도/t2 및 t3 = 각 벽 간 경계온도/t0 = 외벽온도

λ1, λ2, λ3 = 각 로재의 평균온도에 따른 열전도율(Kcal/mh°C)

$l1$, $l2$, $l3$ = 각 로재의 두께(m)

위의 그림에 따른 공식을 대비할 경우 설비전력 PM은 다음과 같다.

$$PS' = \sum Q1 + A1/860 \, (kW)$$

여기서 A1이란 각 爐벽의 외표면적을 말함(m²)

$PS = \alpha PS' (KW)$ * α(여유율) = 2 - 3

$Pm = \beta PS (KW)$ * β(승온시간에 따른 여유율) = 1.3 - 2

즉, $PM = \dfrac{\sum Q1 + A1}{860} \times 2 \times 1.3$

아울러 위의 공식 관련 Q2 값을 구하기 위해서는 다음 그림과 같이 외벽온도와 방산열량 간의 관계를 알아야 한다.

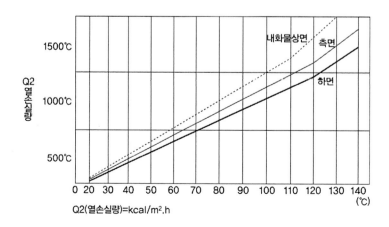

$$Q2 = h\left(t_0 - t_a\right)^{1.25} + 4.88 \times \varepsilon \frac{(273 + t_0)^4}{100} - \frac{(273 + t_a)^4}{100}$$

- $h = 2.1$(상부 내화물합)

  1.5(측면 내화물합)

  1.1(하부 내화물합)

- ε(방사열) = 0.8(흑도 / 철판 외)

- t_a = 대기온도(평균 20°C)

그럼 위의 공식을 이용하여 Page의 예제와 동일한 로 설계에 따른 전력 소비량 값을 구해보자.

〈예제〉

- 저항로의 조건: 공로상태

- 피열물 처리온도: 1,500°C

- 爐 내 유효수치: 400W×400D×300H(mm)

- 승온시간(1,100°C까지): 4시간

- 여유율(피열물 적재량 고려): 1.3배

설비전력 PM은,

PM(설비전력) = $\sum$ Q1(Q2)×A1 / 860×2.5(여유율)×1.3(승온시간 여유율)

A1의 값(내화물 / 爐 내화벽의 외표면적)의 값을 먼저 구해보면 爐 내부 면적이 가로 400×세로 300이므로 내화물을 100mm 정도 설계하면 외부 규격은 500×400이 되므로 외부 면적은 다음과 같다.

$$A1 = \{(0.5 \times 0.5) + (0.5 \times 0.4) + (0.5 \times 0.4)\} \times 2 = 1.3(\text{m}^2)$$

Q1 또는 Q2의 값 중 하나를 구해보면, 즉 Q1＝Q2이므로,

$$Q2 = h(t_0 - t_a)^{1.25} + 4.88 \times \varepsilon \frac{(273 + t_0)^4}{100} - \frac{(273 + t_a)^4}{100}$$

$\sum$Q2＝Q2 A＋Q2 B＋Q2 C, 즉 (로 내화물 상면)＋(로 내화물 측면)＋(로 내화물 바닥면)로 내화물 상부 값(Q2 A)은

$$2.1 \times (110)^{1.25} + 4.88 \times 0.8 \times (263 - 73) = 1,489$$

내화물 측면 값(Q2 B)은

$$1.5 \times (120)^{1.25} + 4.88 \times 0.8 \times (290 - 73) = 1,445$$

내화물 하부 값(Q2 C)은

$$1.1 \times (130)^{1.25} + 4.88 \times 0.8 \times (320 - 73) = 1,446$$

따라서 $\sum$Q2＝1,489＋1,445＋1,446＝4,380

최종적으로 설비전력 PM(kW) 값을 구하면 다음과 같다.

$$PM = \frac{4,380 \times 1.3 \times 2 \times 1.3}{860} = 17.16\,\text{kW}$$

상기 값은 이전에 설명한 식 1 일본전기로학회에서 제공한 공식으로 계산한 전력 소비량 (Ceramic Board 사용조건)과 동일함을 알 수 있다. 보다 더 알기 쉽게 다른 예제를 통하여 두 가지 공식을 대비시켜 전기로의 전력 소요량 계산해보도록 하자.

〈예제 A(Batch형 Furnace의 예)〉

- 저항로의 조건: 공로상태
- 피열물 처리온도: $1,100^\circ C$
- 爐 내 유효수치: 300W×300D×300H(mm)
- 승온시간($1,100^\circ C$까지): 2.5시간
- 여유율(피열물 적재량 고려): 1.3배

〈식 1: 일본 전기로학회 제공 공식을 이용한 값〉

- 내화재 계수: 18
- 爐 내 면적(m^2): 0.57

  $< \{(0.3 \times 0.3) + (0.3 \times 0.3) + (0.3 \times 0.3)\} \times 2 >^{0.9}$

- 사용온도($\times 10^3\,^\circ C$): $1.1^{1.55} = 1.16$
- 승온시간(hour): $2.5^{-0.5} = 0.63$
- 여유율(피열물 적재량): 30% 추가(1.3배) = 1.3

따라서 P(전기용량) $= 18 \times 0.57 \times 1.16 \times 0.63 \times 1.3 = 10kW$

〈식 2: 전열 및 방산, 외벽 온도를 고려한 열량 계산법을 이용한 값〉

- A1의 값(내화물축로를 보편적으로 100mm로 할 경우)을 먼저 구해보면

$$A1 = \{(0.4 \times 0.4) + (0.4 \times 0.4) + (0.4 \times 0.4)\} \times 2 = 0.96\text{m}^2$$

- Σ Q2 값은 Q2 A + Q2 B + Q2 C, 즉 (로 내화물 상면) + (로 내화물 측면) + (로 내화물 바닥면)

$$Q2 = h(t_0 - t_a)^{1.25} + 4.88 \times \varepsilon \frac{(273 + t_0)^4}{100} - \frac{(273 + t_a)^4}{100}$$

$$\text{Q2 A} = 2.1 \times (90)^{1.25} + 4.88 \times 0.8 \times (208 - 73) = 1,109$$

$$\text{Q2 B} = 1.5 \times (100)^{1.25} + 4.88 \times 0.8 \times (230 - 73) = 1,086$$

$$\text{Q2 C} = 1.1 \times (110)^{1.25} + 4.88 \times 0.8 \times (256 - 73) = 1,104$$

따라서 Σ Q2 = 1,109 + 1,086 + 1,104 = 3,299

최종적으로 설비전력 $PM = \dfrac{3,299 \times 1.3 \times 2.0 \times 1.2}{860} = 10.7\text{kW}$

04
전기로의 종류 및 특성

04 전기로의 종류 및 특성

전력을 공급하여 물체를 가열시키는 爐를 총칭하여 전기로라고 호칭하며 그 중에서 주울열(Joule's Heat)에 의해서 피열물을 가열하는 爐를 저항가열로라 부른다. 이 중 금속 또는 비금속 발열체를 설치하고, 여기에 전류를 통하여 주울열에 의해서 간접적으로 피열물을 가열하는 방식을 간접식 저항로라고 부르며, 직접적으로 피열물에 전류를 통하여 가열시키는 방식을 직접식 저항로라고 한다.

일반적으로 간접식 저항로는 단순히 전기로(Electric Furnace or Kiln)라고 부르고, 직접식 저항로는 흑연화로(黑鉛化爐), 카바이드爐와 같이 주로 용도별로 부른다.

(1) 직접식 저항로

도전성이 있는 피열물에 전극을 연결시키고 직접 충전시켜 가열하는 방식으로 상온에서는 저항 값이 커도 고온이 되면 도전성을 갖게 되는 Carbide 및 용융염 등을 적당히 예열시켜 직접 통전할 수 있게 바꾸어주는 방식이다. 탄화규소 爐, 흑연화 爐, Carbide 爐 및 특수전원을 사용하는 알루미늄 전해 爐 등을 들 수 있으며 동선의 가열, 강선의 열처리 등에 주로 사용된다.

① 흑연화로

무정형(無定形) 탄소의 전극 주위에 코크스를 채워넣으면서 적립하고, 爐 내의 산화방지를 위해서 상부 부분을 다시 코크스 입자로 덮는다. 그리고 로 벽에 설치된 전극에서 전류를 통 하며는 주로 코크스 입자가 발열하여 탄소 전극이 2,300°C에서 3,000°C까지 가열되고, 탄소의 일부 또는 전부가 흑연화하여 무정형 탄소의 전극을 흑연 전극으로 활용할 수 있게 된다.

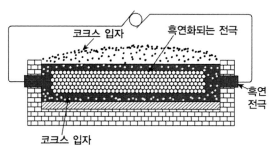

그림 4-1 흑연화로의 구조

(2) 간접식 저항로

간접식 저항로는 주로 열방사에 의해서 피열물을 가열하는 발열체 爐와 탄소입자를 발열매체로 하여 열의전도 및 방사를 이용한 크리프톨 爐(Kryptol Furnace) 및 용융염을 매체로 한 염욕 爐 등이 있으나, 여기서는 우리가 총칭하여 '전기로'라고 부르는 발열체 爐를 기준으로 그 종류별 특징 및 용도를 살펴보기로 하겠다.

전기로, 즉 간접저항가열로는 이용범위가 아주 광범위하고 다양하기 때문에 여러 가지 분류되고 있으며 사용되는 범위에 따라 다음 표와 같이 구분되기도 한다.

표 4-1 사양에 따른 간접 저항가열로(전기로)의 분류

구분 사양	저항로의 형식
爐 內 분위기	대기로 / 산화로 / 분위기로 / 진공로 외
처리목적	소성로 / 소결로 / 침탄로 / 소준로 / 질화로 / 반응로 / 확산로 / 건조로 외
가반온상	Conveyor Belt Furnace / Pusher Plate Tunnel Furnace / Working Beam Furnace / Roller Hearth Kiln / 회전판로 / 고정판로 외
사용발열체	탄화규소 爐 / 몰리브덴 爐 / MoSi2 爐 / 니크롬선 爐
Design	Box Furnace / Tube Furnace(관상로) / Pot Furnace / Tunnel Furnace / Bell형 로 / Elevator Furnace
사용온도	저온로 / 고온로 / 초고온로
적재방식	Front Loading Furnace / Bottom Loading Furnace / Top Loading Furnace

사양에 따른 전기로의 형식은 위의 표와 같으나 일반적으로 간접식 저항로의 경우 피가열물의 적재 및 처리방법에 따라 연속로(Continuous Type Furnace)와 비연속로(Batch Type Furnace)로 크게 구분된다.

즉, 연속로의 경우 사용자가 요구하는 온도 및 처리시간(Time Temperature Profile) 등이 설정되어 있는 가열로 내의 공간을 피열물(Sample 또는 시험편)이 유동하면서 열을 흡수하는 형식이며, 비연속 爐, 일명 Batch 爐의 경우는 피열물이 爐 內에 고정 적재되어 있는 상태에서 열처리 조건을 진행하는 형태이다.

따라서 연속로인 경우 대량의 피열물을 연속적으로 열처리할 수 있다는 장점 때문에 조업(양산) 현장에서 널리 사용되고 있으며 비연속 爐의 경우 실험실 및 연구소에서 주로 사용된다.

하지만 특수한 열처리 조건을 요구하는 대차형(Car Bottom Kiln) 및 Elevator Furnace 그리고 Bell형 로 같은 경우에는 조업(양산)에 직접 이용되는 경우가 많다.

표 4-2 연속 爐(Continuous형)와 비연속 爐(Batch형)의 비교

	연속로	비연속로
종류	Conveyor Belt Furnace, Pusher Plate Furnace, Working Beam Furnace, Car Tunnel Kiln 외	Chamber Furnace, Tube Type Furnace, 대차로 및 Bell furnace 외
사용조건	온도 및 냉각 Process가 설정되어 있어, 제품적재만 원활히 이루어지면 연속 생산이 가능하다.	Batch 별로 제품을 적재하고 온도 Process를 진행하기 때문에 연속 생산이 불가능하다.
온도 구배 조건 Temperature Uniformity	Chamber의 규격에 따라 약간의 차이가 있으나 보편적으로 정밀한 온도 조건을 취할 수 있다.	爐의 형식에 따라 차이는 있으나 몇 가지 제품을 제외하면 로 내 온도편차가 심한 편이다.
사용 단열재	연속적으로 로를 사용하는 이유로 축열 및 잡열이 많은 내화연와를 주로 사용한다.	내화 보드를 사용하여 과도한 로의 냉각시간을 단축시킬 수 있다.

4.1 비연속로의 종류 및 특성

4.1.1 Box Furnace

일명 Batch형이라 불리는 이 형식의 저항가열 爐는 단일 처리를 목적으로 한 방식으로 피열물의 열처리를 1Cycle당 적재 가동하는 방식이다. 열처리가 완전히 끝날 때까지 전기로 내에 피열물이 고정 장착되므로 주로 실험 연구용 및 준 양산용으로 많이 쓰이며, 종류는 다음과 같다.

(1) Box Type Furnace

일명 Chamber Furnace 또는 Front −Loading Furnace라고 불리며, 爐의 내부 형태가 Box 형으로 가장 보편적으로 사용되는 Batch형 전기爐이며, 대량 일괄처리가 가능하고 다양한 온도에 적절히 대응할 수 있어 실험용 또는 준 양산용으로 적합하다. 단, 爐 내의

사용 용적이 커질수록 상하의 온도분포도의 차이가 커지므로, 온도 정밀도를 요하는 피열물의 대량 생산인 경우 피하는 것이 좋다. 저온(700°C 이하) 열처리를 요구하는 피열물인 경우 상부 또는 爐 측벽에 대류용 Fan(Circulation Fan)을 장착하여 爐 내의 온도분포를 향상시킬 수 있으므로, 피열물의 양산 열처리용으로 이용되기도 한다.

Box Type Furnace는 발열체 및 내화물의 종류에 따라 그 사용온도를 저온부터 초고온인 1,800°C까지 광범위하게 활용할 수 있다는 장점이 있다. 보편적으로 온도에 따른 분류 외에 입구(Door)의 구성에 따른 분류, 그리고 사용 분위기에 따라 구분되며 각 구분별 특징 및 용도는 다음과 같다.

① 온도에 따른 분류

㉠ 1,200°C Box Furnace

일반적으로 금속(합금) 발열체인 Ni-Cr 및 Fe-Cr 발열체를 사용하며 사용온도가 600°C부터 900°C까지는 합금 발열선이 매장된 Molding형 발열체를 사용하고 900°C 이후부터 1,200°C까지는 발열체가 노출형을 이용한다(실사용온도가 1,200°C일 경우 Fe-Cr 또는 Fe-Cr-Al 발열체 사용한다). 내화물은 Ceramic Fiber Board를 주로 사용하나, 중량물이 있는 경우 또는 최대 사용온도에서 장시간 유지시켜야 하는 피열물의 열처리 시에는 내화연와를 사용한다.

㉡ 1,500°C Box Furnace

발열체로는 주로 탄화규소(Silicon Carbide)를 사용하고, 발열체의 구조는 발열체의 형태에 따라 설치방법이 구분된다. 봉형(Bar Type)의 발열체인 경우에는 주로 상하수평으로 설치하고, 비발열부(단자대)가 한 곳에 있는 나선형(Spiral Type)은 좌우 측벽에 수평설치를 기본으로 하고 있으며, 특수형인 'U'형은 爐 상부에 수직 설치함을 기본으로 하고 있다. 가열구간의 설계에 따라, 爐 내의 온도분포도(Temperature Uniformity)가 좌우되며 발열체 특성상 주로 1,150~1,450°C 부근에서 사용된다. 내화물은 실험용인 경우 Ceramic Fiber Board를 3겹(예를 들어, 1600 40t, 1400 25t, 1200 50t)으로 축로하는 것을 기준으로 하며, 준양산용 및 양산용인 경우 온도의 특성에 따라 내화연와 및 Ceramic Fiber Board를 혼합하여 사용한다.

ⓒ 1,700°C Box Furnace

발열체로는 MoSi₂(이 규화 몰리브덴)를 사용하며, 발열체의 구조는 양 측벽에 수직 설치를 기본으로 한다. 실제 사용온도에 따라 발열체 및 내화물의 종류가 결정되며 내부 규격에 따라 보통 ± 7.5°C에서 ±25°C까지의 온도편차가 발생할 수 있다. 1,700°C Box Furnace 는 대부분 실험 연구용으로 제작되고 있으며 온도 정밀도를 요하지 않는 피열물의 열처리에 사용된다. 아울러 고온 사용에서의 Door 부분의 熱 누수로 인해 爐의 외부구조가 부식 또는 변형될 수 있으므로, 가급적이면 Door의 구조를 Side Swing형으로 제작하여 내화물의 틈새를 최소화시키는 것이 바람직하다.

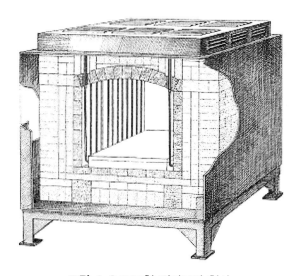

그림 4-2 BOX형 전기로의 형상

ⓡ 1,800°C Box Furnace

발열체로는 란탄 크로마이트 또는 MoSi₂(일명 Super Kanthal 1900)를 사용하고 1,700°C와 마찬가지로 발열체의 구조는 양 측벽에 수직 설치를 기본으로 한다. 1,800°C Box형 전기로는 Door 부분의 심한 열손실로 인해 爐 외부구조의 부식 및 변형 가능성이 있으며, 이로 인한 열편차가 커져서 정밀을 요하는 피열물의 열처리인 경우 가급적이면 爐 구조 및 발열체가 안정적인 Elevator형 전기로를 이용하는 것이 바람직하다.

그림 4-3 고온성 BOX형 전기로의 형상 및 종류

② Door 형태에 따른 분류

㉠ Side Swing Door형 Box Furnace

Side Swing Door형은 Box Furnace의 문짝을 옆으로 여는 형으로, 내화물의 사용 여부와 제작 방식에 따라 열손실을 최소화시킬 수 있다. 주로 고온용 1,500~1800°C 용 爐에 주로 적응되는 형태로 Hinged Door의 고정 형태에 따라 爐 입구 측의 내화물 두께를 조절할 수 있다. 단, 고온상태에서 爐의 Door를 개방할 경우 외부의 차가운 공기가 爐 내로 흡수되어 발열체 및 내화재의 수명에 직접적인 영향을 끼칠 수 있으며 아울러 작업자의 신변에도 위험을 가할 수 있으므로 가급적이면 고온에서 Door를 개방하는 것은 주의를 기울어야 한다.

㉡ Vertically Hinged Door형 Box Furnace

수직으로 문을 개폐하는 형태로 주로 1,200°C용에 응용되며, 제품을 신속히 반출입할 수 있으며, 고온에서의 문짝 개방 시에도 고온열로부터 작업자를 보호할 수 있다는 장점이 있다.

③ 사용 분위기에 따른 분류

　　㉠ 대기분위기용 Box Furnace

　　　일반적인 Box Furnace 형태로 산화 분위기에서 주로 사용하기 때문에 별도의 부가장치가 설치되어 있지 않은 범용의 爐를 말한다.

　　㉡ 질소 및 Argon 등 불활성 분위기용 Box Furnace

　　　N_2, Ar, He 등의 불활성 가스 또는 발열형 변성가스(약환원성 및 중성) 사용을 주 목적으로 하는 Box Furnace로, 분위기 사용 목적 및 온도에 따라 Muffle (Inconel 또는 Stainless Steel Retort)을 장착하는 경우도 있으나, 가스의 특성상 爐 내부 내화물을 밀도가 높은 내화연와(Insulating Brick)를 사용하고 爐 입구를 Gas Tight Sealing을 하여 爐 내에 미압의 불활성 가스 분위기를 형성시키거나 단순한 가스 Purging용으로 사용된다. 전기로의 내부 용적 및 사용 분위기의 종류에 따라 분위기 입출구(Gas In-Out Port)의 위치 및 수량이 설정되며 Gas Tight Sealing이 되어 있는 Door 측에는 냉각장치를 설치하여 Sealing Material이 손상되지 않도록 설계된다.

　　㉢ 환원 분위기용 Atmosphere Box Furnace

　　　환원용 분위기 특히 수소가스나 분해된 암모니아 가스, H_2S 가스 또는 Exothermic Gas 등 인체에 유해하거나 폭발 위험성이 있는 Gas를 사용할 경우 대기 중에 가스가 유출되어 발생할 수 있는 사고를 막고자 爐 내화물 내측으로 사용온도에 따라로 심관(Inconel 또는 Stainless Steel Muffle / Retort)을 삽입하고 가스가 로 심관의 배기구 측으로만 유출될 수 있도록 설계된 Box Furnace이다. 이때 가스의 Inlet Port(가스 유입 Port)는 Muffle 상단 뒷벽 측에 설치되어야 하며 가스 Outlet Port(Gas 배기구)는 하단 입구 측에 설치하여 비중이 공기 대비 0.0695 정도인 수소가스가 상부에서부터 하부로 Pack Gas층을 형성할 수 있도록 설계하여야만 고 질의 제품을 얻을 수 있다.

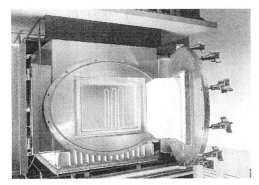

그림 4-4 불활성 분위기용 Box Furnace   그림 4-5 Muffle이 장착된 환원 분위기용 Box 爐

일반적으로 爐 내에서 배출된 수소가스는 Ignitor System(가스 점화장치)을 이용해 완전 연소시키는 것이 적당하나 양산용 爐인 경우, 즉 수소의 사용량이 많기 때문에 배기구를 높게 하고 옥외 대기 중으로 자연 배출하거나 Gas Recycling System을 사용하여 Gas를 재사용하는 경우도 있다. 하지만 이 경우 가스의 순도 때문에 피열물의 품질에 영향을 끼칠 수도 있다.

④ Box형 爐의 사용 시 유의할 점

일반적으로 Box형 전기로를 제작할 때 또는 외국에서 수입할 경우 피열물을 적재할 수 있는 고정판(붕판) 및 Post(Deck)가 설치되어 있지 않은 경우를 종종 목격하게 된다. 만일 붕판 및 Post가 설치되어 있지 않은 상태에서 피열물을 적재하고 온도를 가열하면 爐 내부 상하에 심한 온도편차가 발생하는 것을 알 수 있다. 이것은 爐 내의 온도분포도는 전류 열의 대류와도 밀접한 관계가 있다는 뜻이다. 따라서 爐 하부에 최소 50mm(실험 연구용 Box Furnace의 경우) 정도의 Post를 설치하고, Post 위에 붕판을 놓고 피열물을 적재하는 것이 바람직한 사용법이다.

🖋 Post의 규격은 로의 사용 내 용적에 따라 변경될 수 있다.

그림 4-6 Post 및 붕판 장착시의 형상

모든 전기로가 그렇듯이 爐 가동 중, 즉 온도가 850°C 이상인 상태에서 Door를 급개방할 경우, 로 내부 내화물 및 발열체에 충격을 주게 되어 로 부품 및 구조에 막대한 손상을 초래하게 된다. 따라서 Glass Melting용 또는 금속의 급속 냉각(Quenching)을 위한 경우를 제외하고는 가급적 爐의 최고온도 가동 중에는 Door를 개폐하지 않는 것이 좋으며 爐 제작 시 400°C 이상에서는 Door Lock System을 설치하여 Door 개방 시 자동적으로 전원이 차단되는 장치를 구성하는 것이 바람직하다.

Box Furnace는 爐 구조상 Door 부분에 많은 열손실이 발생하고 차가운 외부 공기가 유입될 수도 있으므로 피열물 적재 시 로 규격에 따라 차이가 있지만 최소 80mm 이상 Door 내측으로 피열물을 장입하는 것이 보다 더 좋은 온도 조건에서 열처리를 할 수 있다. 또한 상하 온도편차가 심한 단점이 있으므로 가급적이면 수평 배열로 시험편(피열물)을 적재하는 것이 바람직하다.

4.1.2 Tube Furnace

일명 관상 爐라 불리는 Tube Furnace는 원통 모양으로 내부의 방사균열이 뛰어나고 구조가 단순하여 규격이 적은 피열물의 연구용, 반도체 제조용, 각종 CVD 장치 가열, 소결용 등 소규모 가열생산 등에 사용되고 있다. 특히 爐 내에 고순도 Alumina 또는 Stainless Steel 관등을 삽입하여 환원 또는 진공 및 각종 분위기에서 실험 생산을 할 수 있는 장점이 있다. 주로 사용되는 온도는 600°C부터 1,700°C까지이며, 보편적으로 爐의 설치 방법에 따른 분류, 가열구간(Zone)의 구분에 따른 분류, 그리고 사용온도 및 분위기에 따라 구분되며 각 구분별 특징 및 용도는 다음과 같다.

(1) 형태별 분류

① Horizontal Tube Furnace

일반적으로 가장 많이 공급 되어있는 Tube Furnace로 관상형의 爐가 수평으로 설치되어 있는 형식을 말하며, 규격이 적은 피열물의 다양한 열처리에 사용된다.

그림 4-7 Horizontal Tube Furnace의 형상

② Vertical Tube Furnace

관상형의 로가 수직으로 설치되어 있는 형식으로 금속 열처리에 주로 사용된다. 예를 들어 금속 시편을 가열 후 시편을 고정시킨 Pin을 풀어 爐 하부에 위치해 있는 염욕조(Salt Bath 또는 Oil Bath)에 낙하시켜 급냉(Quenching) 처리하는 경우, 주로 Vertical 형태의 관상 로가 이용되고 있다.

그림 4-8 Vertical Tube Furnace의 형상

(2) 가열구간의 구분에 따른 분류

① Single Zone Tube Furnace

보통 爐의 가열구간 길이가 600mm 이내이며 가열구간이 1개로 형성된 관상형 爐를 Single Zone Tube Furnace라 부른다. 爐 내에 삽입(揷入)하는 Tube(관)의 구경에 따라 가열구간의 온도 정밀도가 차이나지만 보편적인 온도 구배구간(일명 'Uniformity Zone'이라 칭함)이 600mm 기준할 때 ±3°C 이내 구간은 약 120~150mm 정도이다.

② Three Zone Tube Furnace

보다 더 정밀한 Temperature Uniformity Zone을 형성하기 위해 관상형의 길이를 길게 설정하고 발열구간을 나누어주고 발열구간마다 각각의 온도 및 전력제어를 하는 형태이다. 흔히 온도정밀도를 요하는 중앙 구간을 Center Zone이라 하고 Center Zone을 구분으로 양측 구간을 End Zone이라 부른다. 또한 Three Zone Tube Furnace는 구간별로 온도 차이 (Temperature Gap)를 약 350°C까지 설정하여 가동시킬 수 있는데, 이 경우 爐 내에 삽입하는 관은 열충격에 강한 금속 재질이거나 또는 Mullite 계통의 세라믹관을 사용하여야 한다.

③ Multi Zone Tube Furnace

발열구간을 세분화(6zone 이상)시키고 구간별로 온도 설정을 하여 피열물이 이동하면서 예열부터 냉각까지의 열처리 Process를 수행하는 특수 관상 爐로써 주로 수직형으로 설계되며, Crystal Growing Furnace가 대표적인 예라고 볼 수 있다.

(3) 사용온도에 따른 분류

① 1,200°C Tube Furnace

일반적으로 합금 발열체(Fe-Cr, Ni-Cr)가 내장된 관상형 Molding Heater를 사용하며 Single Zone 및 Three Zone 등 구간 사용이 가능하고, 주로 금속관(Stainless Steel 310S, Inconel 601) 또는 SiO_2의 함량이 많은 Mullite 관을 爐 심관으로 이용한다. 발열부위가 원형으로 爐 내에 좋은 온도 구배를 형성시킬 수 있다는 장점이 있어 반도체 Wafer Heat treatment 열처리용으로 많이 사용되고 있다.

② 1,500°C Tube Furnace

Silicon Carbide(탄화규소) 발열체를 이용하며, 간혹 爐 내화물 구조를 원통구조로 하는 경우도 있으나 주로 밀폐된 Box형 내화물 구조를 갖추며 발열체 설치는 爐 상하부에 수평 설치 가열을 기본으로 한다. Tube은 실제 사용온도가 1,400°C 이상인 경우 High Alumina (Al_2O_3의 함량이 97.5% 이상) Tube를 장착하여야 하며 1400°C 이하에서는 Mullite Tube 를 사용해도 무방하다.

③ 1,700°C Tube Furnace

이 규화 몰리브덴($MoSi_2$) 발열체를 사용하며 내화물 구조는 1,500°C 로와 마찬가지로 밀폐된 Box형의 구조를 갖는다. 발열체 설치는 양 측벽에 수직 설치를 기본으로 하며 Tube (관)는 사용온도가 고온인 관계로 High Alumina Tube만을 장착하여야 하며, Tube의 구경은 고온에서의 열팽창 계수를 고려해 75mmϕ 이하에서 사용하는 것이 바람직하다.

(4) 사용 분위기에 따른 분류

① Atmosphere Tube Furnace

Tube Furnace의 장점은 어떠한 종류의 분위기에서도 전기로가 갖고 있는 최고 사용한도 까지 발열할 수 있다는 것이다. 즉, 발열체가 유해가스 및 기타 분위기 가스에 노출된 爐의 형태에서는 사용온도에 제한이 있으나 관상형 爐는 사용온도에 적합한 로 심관을 장착하여 Tube 내에서만 가스 분위기를 형성할 수 있어, 최고 사용온도 및 최적의 분위기 조건에서 열처리를 할 수 있다는 특징이 있다. 단, Tube의 구경이 커질수록 재질 선정에 문제점이 있으므로 주로 연구용 또는 준양산용으로 사용되고 있다.

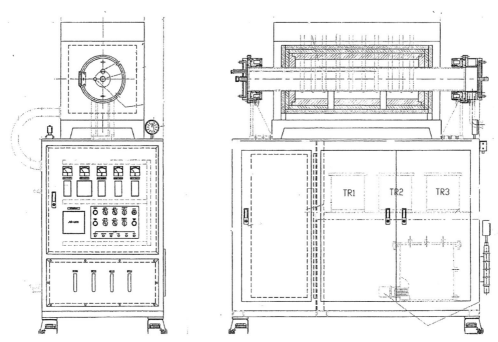

그림 4-9 Atmosphere Tube Furnace의 형상 및 구조

② Vacuum Tube Furnace

Tube(로 심관) 내에서 온도 제한 없이 각종 분위기를 처리할 수 있다는 관상 爐의 장점 및 Tube 형태가 원통(圓筒)인 점을 이용해 고진공(10^{-6} torr) 상태까지 분위기 형성이 가능한 관상형 진공 爐로 최고 사용온도가 1,500℃까지만 허용되어 있다. 고온용 Tube Furnace인 경우는 로 심관(Tube)의 재질 및 고온, 고진공에서의 압력 및 열팽창 계수의 상이점으로 인한 충격, 파손 때문에 되도록 진공 분위기 상태에서의 가동을 금지하고 있다. 관상형 진공로는 일반 진공로보다는 가격이 저렴하다는 장점이 있으므로, 적은 시편의 연구용으로 주로 사용되고 있다.

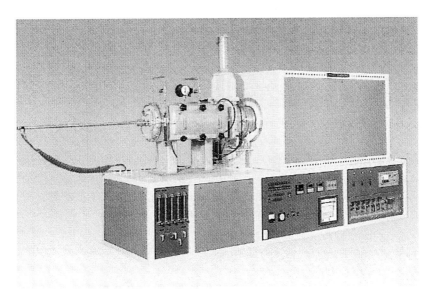

그림 4-10 Vacuum Tube Furnace의 형상

(5) Tube Furnace 사용 시 주의할 점

① Alumina Tube 사용 시 주의할 점

High Alumina Tube(Al_2O_3 97% 이상)를 $1,450°C$ 이상의 온도에서 사용할 경우 발열부와 냉각부에서의 열팽창계수 차이 때문에 Tube가 깨지는 경우가 발생한다. 특히 Tube의 구경이 100mm 이상에서는 이러한 현상이 더욱 심하므로, 고온용 Tube 사용 시에는 Tube의 구경이 100mm 이상 초과하지 않도록 각별히 주의하여야 한다. 아울러 Tube 파손의 주 원인이 온도 냉각 시(특히 $800°C$에서 $600°C$ 사이) 발생하므로 가급적이면 냉각 시 온도 하강 Program을 Step별로 두어 이 부분에서 급냉처리가 되지 않도록 하여야 한다.

② Radiation Shiedl(복사열 차단막)

고온부의 열이 Tube Sealing 부분까지 전도되어 Sealing 재의 손상 및 구조의 변형을 방지하기 위하여, 또는 가열구간 내의 단열층을 구성하기 위하여 Tube Furnace에는 Radiation Shield를 사용하는 것이 바람직하다.

4.1.3 Elevator Furnace

피열물이 놓이는 로 판 부분이 상승 하강하는 구조가 특징이며, 발열체 및 爐 내의 단열 내화물에 대한 열 충격이 매우 적기 때문에 고온인 2,100℃까지 제작하는 것이 가능하다. 특히 로 내벽 사면(4) 또는 피열물 사이로 발열체를 설치하는 방식[밭(田) 형식]이 가능하여 뛰어난 온도분포도를 가질 수 있어 신소재 및 특수재료의 소성(燒成) 및 소결(燒結) 등에 널리 사용되고 있으며, 현재 국내에서는 구조 세라믹 업계에서 양산용으로 가장 많이 사용하고 있다.

본 형식의 전기로는 爐 하부 및 상부 등을 이중 Case로 제작 Sealing하여 질소나 Argon 등 불활성분위기에서의 사용이 가능하도록 제작될 수 있으므로, 분위기 조성이 필요한 제품의 열처리에도 많이 쓰고 있다.

(1) 온도에 따른 Elevator형 爐의 분류

① 1,200℃ 이하

금속(합금) 발열체인 Ni-Cr 및 Fe-Cr 발열체를 사용하며 사용온도가 600℃부터 900℃까지는 Box형 爐와 마찬가지로 합금 발열선이 매장된 Molding형 발열체를 사용하고 900℃ 이후부터 1,100℃까지는 발열체가 노출된 비매몰형을 이용한다. 특히 Fe-Cr Wire가 Quartz Glass Tube 내에 장착된 봉형의 발열체를 사용할 경우 발열체 설치 위치를 다양한 형태로 설계할 수 있다는 장점도 있다.

실제 사용온도가 1,150℃ 이상 1,300℃ 경우 Kanthal APM Wire 발열체를 Mullite 보호관 주위로 감고 봉형과 같은 형태로 제작해 Quartz Glass Tube 발열체와 마찬가지로 고온에서 다양한 형태의 발열 위치를 설계하여 Electric Furnace만이 가질 수 있는 爐 내부 온도편차의 최소화를 실현시킬 수 있다.

② 1,500℃

발열체로는 탄화규소(Silicon Carbide)를 사용하고 발열체의 구조는 爐 내벽 4측에 상하 수평으로 설치할 수도 있으며, 온도 정밀도에 따라 밭전(田)자 형식의 설치 방법을 이용해 적재 되어 있는 피열물 전체에 열을 가할 수 있다는 장점이 있다. 爐 설계에 따라 온도편차가 좌우되며, 탄화규소 발열체의 특성상 주로 1,400°C 부근에서 사용된다.

내화물은 실험용인 경우 Ceramic Fiber Board를 3겹(예를 들어 1600 40t, 1400 25t, 1200 25t)으로 축로하는 것을 기준으로 하며 준양산용(Pilot) 및 양산용(Production)인 경우 온도의 특성에 따라 내화연와 및 내화보드(이 경우 최소 175mm 정도의 내화물 두께를 유지하여야 함)를 사용한다.

1,500°C Elevator Furnace는 불활성 분위기 가스(특히 질소 치환 또는 산소)의 사용에도 주로 쓰이며, 이 경우 Bottom Loading car와 로 하부구조에 Gas Tight Sealing 장치를 설치하여야 하며 사용온도에 따라 냉각장치도 부가로 장착하여야 한다.

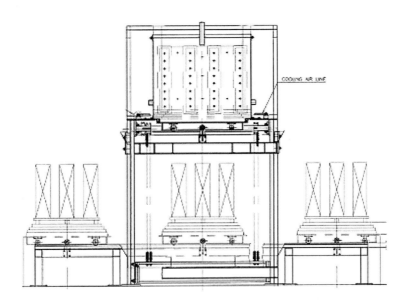

그림 4-11 Elevator Type Furnace의 형상 및 구조

③ 1,700~1,800°C Elevator Furnace

발열체로는 $MoSi_2$(이 규화 몰리브덴)를 사용하고 발열체의 구조는 양 측벽에 수직 설치를 기본으로 한다. 실제사용온도에 따라 발열체 및 내화물의 종류가 결정되며 내부 규격에 따라 보통 ±5°C에서 ±10°C까지의 온도편차가 발생할 수 있다.

고온용 Elevator Furnace의 가장 큰 취약점은 상부 내화물 구조에 있으며 爐 내부 규격이 적은(200mm 이하) 실험용인 경우를 제외하고는 Slice(내화보드를 잘게 가공해 설치하는 방법) 축로 방식을 이용하고 있다. 전기로 제작업체마다 내화물 축로 방식 및 고정용 Ceramic Pin의 설치 방식에 차이가 있을 수 있으나 보편적으로 爐의 규격이 0.5m³인 경우 상부 내화물은 150mm 간격으로 내화재를 Slice하고 Ceramic Pin 또는 사파이어 핀으로 고정·보완하는 방식을 사용하고 있다.

로 하부구조는 최소 3단 이상의 겹 층으로 설계하여 Loading Car에 설치되어 있는 내화물과의 틈새를 단계별로 최소화시키는 것이 바람직하다.

④ 2,100°C

爐 구조가 Box형이 아닌 원통형으로 지르코니아(ZrO₂) 계통의 특수내화물 및 봉 형상인 지르코니아 발열체를 사용하며, 온도 감지기는 1,500°C까지는 열전대로 1,500°C~2100°C 까지는 비접촉식인 Optical Pyrometer를 사용하는 이원체제로 산화 분위기 내에서 최고 온도인 2,100°C까지 가열할 수 있는 특수저항가열 爐이다.

사용온도가 초고온인 관계로 내화물은 원판(이형내화물 계통)으로 제작되어야 하는 단점이 있고, 이 때문에 爐 내의 사용 용적 설정에 제한이 있다. 보편적으로 내화물의 제작 특성상 爐 내부의 규격이 0.05m³ 이하에서 주로 제작되고 있다.

2,100°C 대기분위기 爐는 현재 국내에서도 개발 중에 있으며, 높은 장비가격 및 유지보수비의 문제로 인해 실사용처가 많지 않은 것이 흠이다.

그림 4-12 특수 Elevator Type Furnace의 형상 및 종류

⑤ Atmosphere Elevator Furnace

분위기 사용이 가능한 Elevator Furnace는 일반적으로 1,500°C 및 1,700°C용에 설계되며 분위기 로는 불활성 분위기 가스(N_2, Ar , He)가 주로 사용된다. 때로는 수소가스(H_2)를 사용할 용도로 제작되는 경우도 있으나 수소가스의 위험성, 그리고 발열체의 사용온도 한계 때문에 바람직한 방법은 아니라고 판단된다.

분위기용 Elevator Furnace는 Bottom Loading Car와 爐 하부구조에 Gas Tight Sealing 장치를 필수적으로 설치하여야 하며, 사용온도에 따라 냉각장치도 부가되어야 한다.

아울러 가스의 누출 방지를 위해 爐 내화물 외측에 Stainless Steel 316 Plate로 구성된 Dual Case(이중구조)를 반드시 구성하여야 하며, 이곳에 Pipe 형태의 냉각장치를 설치해 Air를 이용해 Case를 냉각시켜주는 것도 바람직한 방법이다.

때로는 냉각시간의 단축을 위해 냉각수(Water)를 사용하는 경우도 있으나 爐 Case에 발생하는 결로 및 부식으로 인해 오히려 부작용만 일으킬 수 있으므로 제작 시 이 점을 고려해 꼭 필요한 경우에만 설치하는 것이 바람직하다.

분위기 Inlet 및 Outlet Port 등은 다음 그림과 같이 세분화하여 설정하여야 하며, 가스의 비중에 따라 배기 위치의 설정에 주의하여야 한다.

부가 장치로 로 내의 산소농도를 측정할 수 있는 O_2 Sensor를 설치하여 O_2의 농도에 따라 가스의 양을 조절하는 것도 올바른 사용법 중의 하나이며, 때로는 Gas Recycling System을 설치해 가스량을 절감하여 주는 것도 좋다.

그림 4-13 Atmosphere Elevator Kiln

4.1.4 Pot / 대차로 / Bell 외

(1) Pot Type Furnace

피열물을 상부에서 장입하는 형태로 Pot 내의 분위기를 임의대로 조절할 수 있다는 장점이 있으며, 흑연 또는 Stainless Steel 및 Inconel 도가니(Vessel)를 장입하여 피열물을 용융시키는 데 사용된다. 주로 고도의 품질이 요구되는 각종 열처리(질화, 흑연 화 등)의 표면 처리에도 널리 이용되고 있으며, 사용온도는 피열물의 종류에 따라 차이가 있지만 600°C 부터 약 1,450°C까지이다.

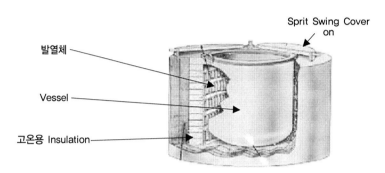

그림 4-14 Pot Type Furnace의 형상

① Pit Furnace

Pot Furnace의 구조를 응용하여 변형한 형태로 동선의 소준 열처리 조건에 최적으로 각종 분위기는 물론 진공상태에서도 열처리 가능한 전기로로 1,150°C에서 주로 사용되고 있다.

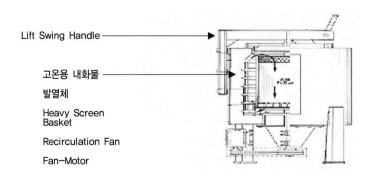

(2) Bell Type Furnace

종형의 저항로를 피열물에 씌우는 형상이 특징이며, 중량물의 입출이 용이하다는 장점이 있다. 특히 사용온도에 따라 Inconel 등의 금속로 심관(Retort)을 피열물 위에 씌워 가열하므로 爐 내의 온도분포가 균일하고, 분위기 가스의 처리에 적당하지만 대형 爐인 경우 사용온도를 105°C까지밖에 할 수 없다는 단점이 있어 주로 Coil 상의 鋼, Stainless Steel의 무산화 처리, 광휘, 소둔성 Copper Coil의 무산화 처리 등 중량 있는 기계부품의 열처리 등에 사용되고 있다.

그림 4-15 Bell Type Furnace의 형상

Bell형 爐는 爐 특성상 로체가 유압 또는 공기압을 이용하여 상하로 이동하여야 하기 때문에 구조물의 설계에도 신경을 써야 하며, 아울러 하부구조(특히 Sealing 부위)의 설계 여하에 따라 제품의 품질이 결정될 정도로 하부구조 및 사용 분위기 가스의 입출구 설계에 각별히 주의를 기울여야 한다. 일반적으로 하부 지지부의 Sealing Material은 Sand(모래)를 사용하며 3개월에 한 번씩 주기적으로 교체하여 주는 것이 적당하다.

종형의 로 심관은 사용온도에 따라 차이가 있지만 특수합금인 Inconel 601 이상의 특수강을 사용하여 爐 심관 외부조직이 산화로 인하여 손상되는 것을 방지하는 것도 바람직하다.

처리온도가 고온이며 수소분위기 가스를 Process 가스로 사용할 경우 로 심관을 이중 Jacket으로 제작하여 냉각수를 흘려주고, 발열체는 순수금속인 Molybdenum 또는 Tungsten 등을 사용함과 동시에 발열부 주위로 Moly Sheet를 최소 5겹 이상 설치하여 爐 내 온도를 17, 50°C까지 사용할 수 있도록 설계되기도 하며, 이러한 가열로를 일명 Atmosphere Bell Jar Furnace라 부르기도 한다.

그림 4-15 실험 연구용 Bell Type Furnace의 형상 및 종류

(3) 대차로(Car Bottom Kiln)

로 Bottom이 대차형식으로 되어 이동이 가능한 것이 특징이며 피열물의 적재가 가장 용이하다는 장점이 있다. 고로 대형 중량물뿐만 아니라 피열물의 대량 열처리에 적당하다. 사용범위로는 단주조품, 대형 용접구조물의 소결, 도자기 및 세라믹의 소성 및 하소 등에 이용되고 있으며 爐를 이용한 온도의 사용범위는 450°C부터 1,450°C까지이다.

① 대차로의 온도별에 따른 특징 및 용도
  ㉠ 650°C 이하

  주로 알루미늄 판재의 소둔용 및 요업제품의 Binder Burn-Out, 그리고 세라믹 Honey-com의 대용량 열처리에 사용된다. 爐 상부에 Fan Blower 및 Circulation Fan 장치 등을 장착하여 爐 내의 상하 온도편차를 줄일 수 있으며, 발열체는 합금 발열체인 Ni-Cr 및 Fe-Cr이 매몰된 Molding Heater를 주로 사용한다. 발열부는 양 측벽 및 Door, 그리고 뒷벽 및 바닥까지 5면 설치가 가능하고, 대류장치의 설치가 가능하므로 爐의 규격이 대형일지라도 균일한 온도 조건에서 열처리를 할 수 있다는 특징이 있다.

ⓛ 650~1,150°C

저온용 대차로 와 마찬가지로 합금 발열체인 Fe-Cr이 노출된 형태의 Heater를 주로 사용하며 발열부는 양 측벽 및 Door, 그리고 뒷벽 및 바닥까지 5면 설치가 가능하여 규격에 따라서 균일한 온도조건 하에서 열처리할 수 있다는 특징이 있다. 하지만 爐 내에 대류장치를 설치할 수 없기 때문에 온도편차에 민감하지 않은 피열물의 대량 열처리에 적절하다.

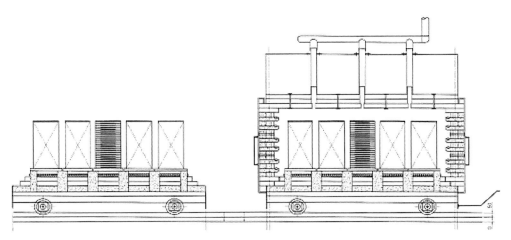

그림 4-17 저온용 대차로의 형상 및 구조

ⓒ 1,150~1,450°C

저온용(1,150°C 이하) 대차로 와는 달리 발열체의 설치조건이 까다롭고 한정되어 있고 爐 내 상하로 극심한 온도편차가 발생하는 문제점 때문에 보편적으로 爐 내부 규격을 $1m^3$ 이상 설계·제작하는 것은 바람직하지 않다.

발열체로는 탄화규소(Silicon Carbide)를 사용하며, 로 양 측벽(또는 뒷벽 포함)에 수평으로 설치된다. 내화물은 세라믹보드보다는 밀도가 높은 내화연와를 주로 사용하며 爐 내화물 상부의 설계는 Arch형으로 하는 것을 기준으로 한다.

✒ 주로 고온용 대형($1m^3$ 이상) 대차로는 열원을 전기로 하지 않고 가스(도시가스 외)로 하며 최고 사용온도는 산소와의 배합에 따라 1,700°C까지 가능하다.

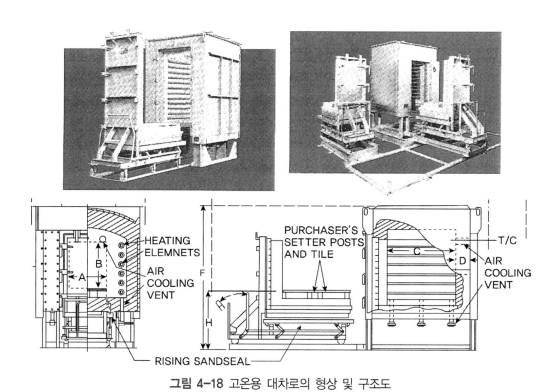

그림 4-18 고온용 대차로의 형상 및 구조도

4.2 연속식 로의 종류 및 특성

피열물의 열처리 조건(Time Temperature Profile)을 설정한 상태에서 피열물을 치구 또는 가반온상을 이용하여 연속 이동시키면서 열처리 Process를 수행하는 형태로, Batch Type에 비해 좋은 온도조건 및 공정에서 작업할 수 있으며, 대량의 제품을 연속적으로 처리할 수 있다는 장점에 주로 양산현장에서 사용되고 있다. 연속식 爐는 사용조건에 따라 다양한 형태의 연속 爐가 있으나 그 대표적인 것은 다음과 같다.

4.2.1 Mesh Belt Furnace(Conveyor Furnace)

Stainless 또는 내열강재로 만든 Belt 위에 피열물을 적재하고 Belt 구동장치에 따라 연속적으로 투입시키고 빼내는 형식으로, 대표적인 연속 爐의 형태 중 하나이다. 하지만 내열강재

(Stainless Steel 또는 Inconel 등)로 제작된 Belt가 견딜 수 있는 온도가 한정되어 있어 최고 사용온도가 1,150°C 미만인 단점이 있으나, 반대로 爐 내에 로 심관(Retort / Muffle)을 장착하여 분위기 조절을 자유롭게 할 수 있다는 장점이 있어 산업 현장에서의 이용범위가 광범위하다.

보편적인 사용범위로는 전자공업용 부품제조(IC 후막의 소성, 소자형성 결합부착, 건조 공정 등의 양산) 및 강의 소순, 소준, 질화 및 광휘 표면 처리 등의 열처리 및 분말 야금용 소결 품 제조 등에 다양하게 이용되고 있다

(1) 분위기에 따른 Conveyor Belt Furnace의 분류

① 산화(대기) 분위기용 Belt Furnace

산화 분위기용 Conveyor Belt Furnace는 크게 저온용과 중고온용으로 구분되며, 사용온도가 450°C 미만인 경우 흔히들 Conveyor Oven이라 총칭하며 450~1150°C까지를 보통 Conveyor Belt Furnace라 부른다.

- 저온용 Conveyor Oven: 저온용인 Conveyor Oven은 피열물의 건조에 주로 사용되며 Belt의 형식에 따라 다음 그림과 같이 사용범위 및 용도가 구분된다. Chamber 내의 가열은 이중구조로 형성된 열풍 방식(Heated Air Circulation)을 이용하여 Chamber 내의 온도분포도를 균일하게 조절할 수 있다는 장점이 있다.

- 중·고온용 Conveyor Belt Furnace: 중고온용 Conveyor Belt Furnace는 여러 산업분야에 가장 광범위하게 사용되고 있으며, 주로 전자공업용 부품제조(IC 후막의 소성, 소자형성 결합부착, 건조 공정 등의 양산) 및 경량골재와 같은 산업용자재의 열처리 및 요업재료 등에 쓰인다.

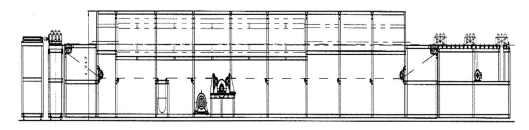

그림 4-19 Conveyor Belt Furnace의 형상 및 구조

이외에 산화 분위기에서의 Belt Furnace는 Binder Removing 및 피열물의 Baking 용도로도 적격이며, 爐 내 온도편차와 관계없이 입출구의 폭을 최대 2,000mm까지 설계하여 대형의 피열물을 연속 열처리 할 수 있다는 장점이 있다.

로의 구성은 크게 Belt를 구동시키는 구동(驅動)장치와 가열(加熱)장치로 구분되며, 장치가 비교적 단순하고 유지보수가 편리해서 연구용으로 종종 쓰이기도 한다.

가열구간은 예열구간(Pre-Heating Section)과 고온(Firing / Hi-Heat Section)구간으로 분리되고, 각 구간별로 별도의 독립 가열구간을 설정하여 구간별 온도 조절을 개별적으로 실행하는 것을 기본으로 한다.

가열구간의 사용발열체는 Fe-Cr 또는 Ni-Cr 등 합금 발열체용 Molding Heater 및 Fe-Cr Wire가 내장된 Quartz Glass 발열체를 주로 사용하고 있다. 내화물은 피열물의 처리 속도에 따라 다르나 준생산용은 세라믹보드를, 그리고 대형 爐는 내화연와를 주로 사용한다.

냉각구간은 별도의 수냉식 장치 없이 내화물만 구성된 Insulated Slow Cooling 방식을 사용하며, 제품의 특성에 따라 爐 출구 측에 Fan Cooling 장치를 설치하여 피열물을 실온까지 냉각하여주는 것을 기본으로 한다.

그림 4-20 Conveyor Belt Furnace의 형상 및 종류

(2) 불활성 및 환원 분위기용 Conveyor Belt Furnace

강의 소순, 소준, 질화 및 광휘 표면 처리 등의 열처리 및 분말 야금용 소결품 제조, Glass 와 금속의 접합(接合) 또는 금속과 금속의 접합 등 다양한 분야에 응용되고 있다. 爐 내에 합금 및 특수강으로 구성된 로 심관(Muffle)을 삽입하여 각종 분위기에서 열처리할 수 있다는 장점이 있다.

로 심관의 입출구에는 질소(N_2)를 이용한 Curtain을 설치하여 로 심관 내로 산화 분위기가 유입되는 것을 방지하여 주고, 주로 예열구간 및 냉각구간 초입에 Exhaust(N2 Curtain Gas Ventilation)를 설치하고 가열구간 중심에 Eductor(Production Gas 배기구)를 설치하는 것을 기본으로 한다.

로의 구성은 산화 분위기 로와 동일하지만 爐 내용적은 금속 Muffle의 설치에 따른 여유율 및 Muffle의 축소 팽창을 고려하여 같은 처리량의 조건이라도 산화 분위기 연속 로보다는 약 20~30% 정도 여유 있게 설계하여야 한다.

　☞ 본 爐의 분위기 사용에 대한 자세한 내용은 추후 제6장 분위기 가스의 종류와 제어방법에서 살펴보기로 한다.

　☞ 본 爐의 구조 및 특징에 관한 내용 역시 추후 제8장 연속 로의 설계 제작 편에서 자세히 설명하기로 한다.

(3) Conveyor Belt Furnace의 사용 시 주의할 점

① 타 연속 爐와 마찬가지로 Conveyor Belt Furnace의 가열구조는 구간을 분류하고 구간 각각의 개별적인 온도 관리를 통해 열처리 Process를 수행할 수 있도록 설계된다. 따라서 각 구간(보통 'Zone'이라 칭함)은 설정 온도를 유지하여야 하며 구간별로 온도 간섭을 받지 않도록 설계되어야 한다. 이러한 조건을 실행시키기 위해 각 구간별로 내화물 Baffle(가로막)이 설치되어야 하며 로 심관(Muffle)의 구조에 따라 다르겠지만 Baffle은 가능한 Arch 형으로 설계되어 구간별 복사열의 이동을 최소화시키는 것이 좋다.

② 대기분위기 Conveyor Belt Furnace를 사용할 경우 합금 Belt의 표면이 고온으로 인하여 산화부식되고, 이러한 상태로 장시간 방치하여 두면 爐 내외로 Belt 부식으로 인해 생긴 산화 피막들이 피열물의 품질에 영향을 줄 뿐 아니라 작업환경에도 지장을 초래할 수 있다. 따라서 爐의 출구에서 메인 구동 장치까지의 공간을 활용하여 초음파 세척기(Ultrasonic Cleaner) 및 건조 장치를 설치해 부식으로 인한 Belt의 피막을 제거한 뒤 爐 내로 이송시키는 것을 기본으로 한다. 초음파 세척기 대신에 금속 Brush를 이용해 Belt의 산화피막을 제거 하는 경우도 있으나 이 방법은 Belt의 수명을 단축시키는 역할을 하므로

가급적이면 초음파 세척기를 사용하는 것이 바람직하다.

③ 분위기 가스 Conveyor Belt Furnace에서의 로 심관(Muffle)의 관리는 爐 관리 못지 않게 중요한 사항이다. Muffle의 재질로 주로 사용되는 합금은 Stainless Steel 304/316(650°C까지 사용 가능), Stainless Steel 310S(900°C까지 사용 가능) 및 Inconel 601(1130°C까지 사용 가능) 등이 있으며 고온에서의 열 변형 및 하중을 고려해 항상 Arch Type으로 설계되어야 한다.

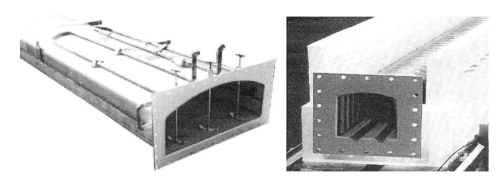

그림 4-21 금속 Muttle의 형상

Muffle 외부는 분위기 가스와 접촉되지 않는 관계로 고온일 경우 산화로 인한 부식이 발생하며, 장시간 사용 시 Muffle이 손상되는 결과를 초래한다. 이 경우 가스가 외부로 누출되어 피열물 및 작업자에게 피해를 줄 수 있으므로 가능한 사용온도 및 시간에 따라 주기적으로 점검 및 교환하는 것이 바람직하다.

다음 그림은 분위기용 Belt Furnace의 이해를 위해 표시한 개략적 제품 구성도이다.

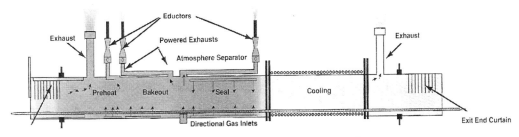

Cerdip Sealing Process(처리온도: 450°C)

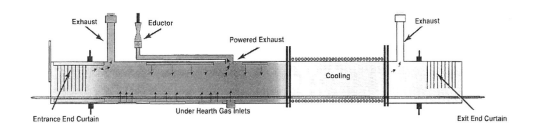

Metal To Metal Sealing Process(처리온도: 500°C)

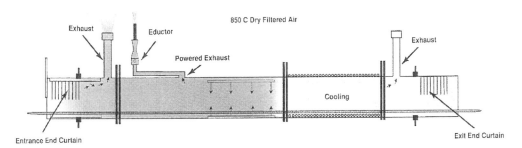

Noble Metal Thick Film Process(처리온도: 850°C)

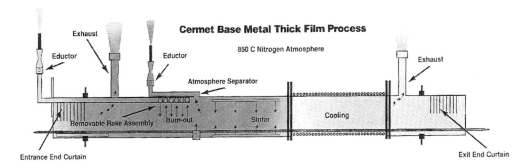

Cermet Base Metal Thick Film Process(처리온도: 850°C)

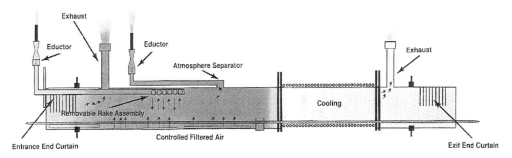

Green Tape MLCC Firing Process(처리온도: 850°C)

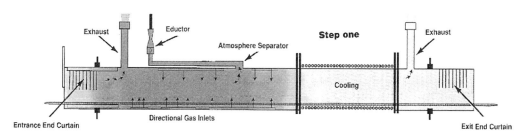

Glass To Metal Sealing Process(처리온도: 1,050°C)

(4) Conveyor Furnace에 사용되는 Belt의 종류

① S Type: 극히 간단한 조직으로서 금속부품 전기부품 세척용 Conveyor로 주로 사용되고 있다.

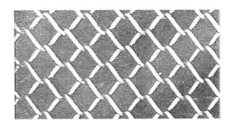

② B Type: Conveyor Belt Furnace에 가장 많이 사용되고 있는 보편적인 형태로서 가격이 저렴하고 구조상 인장강도가 S Type에 비하여 50% 이상 강력하다. 또한 응력 Balance가 부분적으로 변형되거나 파괴될 염려가 없다는 장점이 있다.

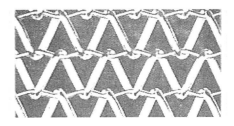

③ DB Type: 스파이라루를 이중으로 조립하여 서로 연결한 형태로 기계부품 열처리용으로 사용되고 있다.

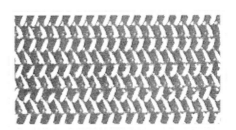

④ SS Type: B Type 다음으로 많이 사용되고 있는 형태로서, 고도의 인장강도가 있어 벨트 신장이 적고 선도 동일선경인 장점이 있다.

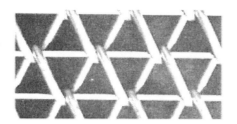 

⑤ G Type: 선의 피치가 B Type에 비해 조금 적다는 장점이 있으며, 최근 들어 연속로에 많이 이용되고 있다.

⑥ H Type: 복잡한 구조를 하고 있으나 최고의 인장강도를 갖고 최소의 조합을 얻을 수 있다는 장점이 있다. 하중이 큰 피열물에 적합하다.

4.2.2 Pusher Plate Tunnel Kiln

일명 Tunnel형 爐라고 불리며 Belt Conveyor Furnace 형식의 爐로는 처리할 수 없는 고온영역, 또는 중량감 있는 피열물을 처리할 때 사용되는 고온용 연속식 爐의 대표적인 형태이다. 대판(Plate) 또는 Tray에 피열물을 적재한 뒤 Main Pushing 장치(Motor 또는 유압장치가 Ball Screw를 통해 대판과 대판을 爐 내로 이동시키며 열처리 Process를 수행하는 형식이다. 특히 피열물을 적재한 대판의 이동이 매우 안정적이어서 경량품의 적층 생산에도 적당하고, Belt Furnace와는 달리 Return Conveyor System(피열물 적재 및 반출 작업장치)을 장착하여 爐 운전 가동을 자동화로 제어할 수 있어 작업자의 절감 및 작업시간을 단축시킬 수 있다는 장점이 있다.

Pusher형 연속식 爐는 다양한 분야에서 제품 양산용으로 이용되고 있으며 최대 사용온도는 1750°C까지 가능하다. 사용용도로는 특수합금 분말 및 성형체의 소결 및 소성, 전자 및 구조세라믹의 각종 열처리, Metalizing(금속과 세라믹의 접합) 및 Ferrite 소결 등에 이용되고 있다.

Pusher Plate Tunnel Kiln의 구조는 대판을 이동시키는 메인 구동부와 가열 및 냉각구간으로 설정되어 있는 爐 본체, 그리고 피열물의 적재 및 반출을 위한 Return Conveyor System으로 구분하며 구조별 특징은 다음과 같다.

(1) 爐 본체

爐의 본체는 가열 및 냉각구간으로 분리되며 분위기 가스의 사용 여부에 따라, 구조에 따라 특성이 있으나 보편적으로 다음과 같다.

① 가열구간

가열부는 예열(Pre-Heating Section) 및 고온구간(Firing Section)으로 분리되며 사용온도의 처리 Process(Time Temperature Profile)에 따라서 구간별로 Zone이 나누어진다. 일반적으로 예열구간과 고온구간은 발열체의 종류 및 내화물의 등급을 구분해서 사용하며, 각 구간 및 Zone별로 별도의 독립적인 가열장치를 구성하여 온도를 조절한다.

가열부의 내화물은 특수한 경우를 제외하고는 주로 내화연와를 사용한다. 분위기 사용 여부에 따라 내화물 상부구조가 다르나, 보편적으로 내화연와를 아치(Arch)형으로 설계하고, 고온부인 경우에는 추후 대판의 겹침(Plate Jam) 현상을 고려해 조립식으로 축로하는 것을 기본으로 한다. 내화물 하부는 대판의 자유로운 이송을 위해 이형내화물(치밀질)로 구성된 Skid Rail을 열팽창을 고려해 설치하며, 대판이 일정하게 이송될 수 있도록 Rail의 폭을 적절하게 설계하여야 한다.

다음 그림은 산업현장에서 쓰이는 Pusher Plate Tunnel Kiln의 내부 내화물 구조도(축로공법)의 한 예로서 좋은 참조자료가 될 것이다.

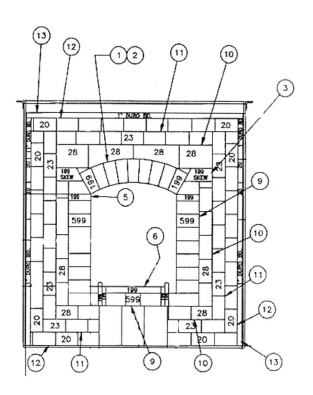

1	BAL 99 Insulating Brick Arch	Top Hot-Face
2	BAL 99 Insulating Brick Arch	Top Hot-Face
3	BAL 99 Insulating Brick Skew	Side Hot-Face
5	BAL 99 Insulating Brick Skew	Side Hot-Face
6	High Alumina Plate Straight	Hearth Plate
9	BAL 99 Insulating Brick	Deck(Post)
10	LBK 28 Insulating Brick	Side Inter-Face
11	LBK 23 Insulating Brick	Side Inter-Face
12	LBK 20 Insulating Brick	Side Outer-Face
13	Ceramic Board 1,200°C	Side Outer-Face

② 냉각구간

Pusher Plate Tunnel Furnace의 냉각구간 설계는 피열물의 열처리 종류에 따라 결정된다. 즉, 냉각속도가 전자 및 구조세라믹과 같이 서냉(Slow Cooling)을 요구하는 제품인지 아니면 금속 분말 합금 처리와 같이 서냉 및 급속 냉각을 동시에 요구하는지에 따라 대판의 종류 및 규격이 바뀌고 냉각구간의 설계 역시 여러 가지의 형태로 변화한다.

㉠ 전체적으로 Slow Cooling Cycle인 경우

일반적으로 피열물의 냉각 Cycle이 완만한 경우 피열물을 적재 또는 이송하는 도구는 주로 치밀질인 Alumina, Mullite, Silicon Plate 및 Sagger 등을 이용하며 爐의 냉각구간 역시 별도의 냉각장치 없이 가열부와 동일한 내화물 구성으로 이루어진다. 이렇게 가열구간과 동일한 조건으로 구성되어 있는 냉각구간을 흔히 'Insulated Cooling Section'이라 부른다. 냉각구간 역시 피열물의 규격에 적합한 구간(Zone)을 형성시키고 구간(Zone)별로 Baffle(가로막)을 주고 Temperature Monitering 장치를 부착하여 보다 정밀한 냉각 Cycle을 형성할 수 있도록 설계된다.

ⓛ 전체적으로 Fast Cooling Cycle인 경우

금속분말 합금 처리 및 금속과 세라믹의 접합 열처리인 Metalizing 등과 같은 경우에 해당하며 냉각구조가 이중으로 분리된다. 즉, 피열물의 최고 열처리 온도에 따라 틀리지만 일반적으로 1,200~1,000°C 이하를 기점으로 Insulated Cooling Section과 Water Cooling Section으로 분리되며 Water Cooling Section (水 冷却)은 합금(Stainless 또는 Inconel) Jacket을 이중 Case로 제작하여 냉각수를 윤활시키는 방식으로 설계된다. 이때 Insulated Cooling Section과 Water Cooling Section은 특수설계 제작된 Flange를 이용하고 고온재료로 Sealing하여 주어야 한다. 아울러 Cooling Jacket(수냉각관)인 경우 고온열에 인한 인장을 고려해 Jacket 하부에 Rolling 장치를 부착하여 熱로부터의 축소 팽창에서 자유롭게 설계되어야 한다.

그림 4-22 수냉각식 Alloy Muffle(Cooling Jacket)의 구조도

(2) Full Automatic Pusher Type Tunnel Kiln의 열처리조건별 유형

다음 그림은 피열물의 종류별 열처리 목적에 따른 Full Automatic Pusher Plate Tunnel Kiln & Furnaces의 유형이다.

열처리의 종류	Firing(소성)	피열물의 종류	New Ceramic Materials
최고사용온도	2,100°C	분위기 가스	N$_2$
발열체	Graphite Heater	처리량	15kg/h(gross)

열처리의 종류	Reducing Sinter(환원소결)	피열물의 종류	Ceramic Powder
최고사용온도	1,600°C	분위기 가스	N$_2$+H$_2$
발열체	Molybdenum(순금속) Heater	처리량	40kg/h(gross)

열처리의 종류	Firing(소성)	피열물의 종류	Ceramic Capacitor(Condensor)
최고사용온도	13,000°C	분위기 가스	대기 분위기
발열체	Silicon Carbide	처리량	70kg/h(Gross)

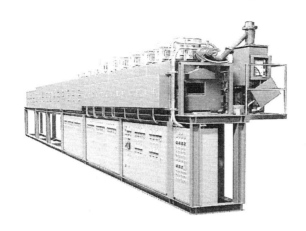

열처리의 종류	Firing (소성)	피열물의종류	Piezo-Electric Element(PZT)
최고사용온도	14,000°C	분위기 가스	대기 분위기
발열체	Silicon Carbide	처리량	120kg/h(Gross)

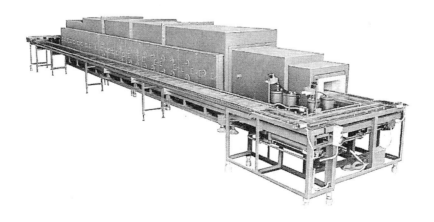

열처리의 종류	Firing(소성)	피열물의 종류	Condensor
최고사용온도	$14,000^{\circ}C$	분위기 가스	대기 분위기
발열체	Silicon Carbide	처리량	110kg/h(Gross)

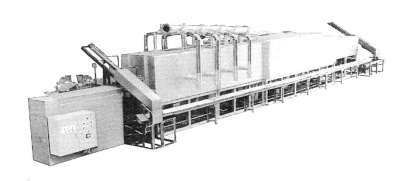

열처리의 종류	Firing(소성)	피열물의 종류	Alumina Board
최고사용온도	$16,000^{\circ}C$	분위기 가스	대기 분위기
발열체	예열부: Silicon Carbide 고온부: MoSi$_2$	처리량	100kg/h(Gross)

열처리의 종류	Firing	피열물의 종류	Ferrite
최고사용온도	13,500°C	분위기 가스	대기 분위기
발열체	탄화규소 발열체	처리량	45kg/h(Gross)

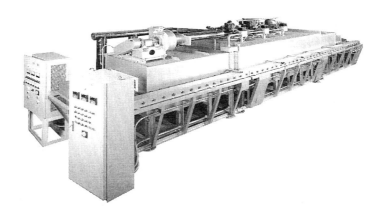

(3) Pusher Plate Tunnel Kiln의 가동 중 주의할 점

Pusher Furnace의 가장 큰 단점은 조업 중 가열구간 내부 구조물의 변형 및 손상된 대판의 사용으로 인한 겹침(Plate 또는 Tray Jam) 현상이다. 이러한 상황이 발생하면 조업을 중단하여야 하고, 재축로 공사로 인한 보수작업 및 爐의 재가동 등, 상황 여부에 따라 최소 7일 정도 연속 爐를 중지시켜야 하기 때문에 조업에 막대한 손실을 초래할 수 있다. 따라서 이러한 Plate Jam을 사전에 방지하기 위하여서는 아래와 같은 내용을 숙지하고 Pusher Plate Tunnel Kiln 제작 또는 구입 시 꼭 활용하길 바란다.

- 대판(Plate) 또는 Boat의 상태를 정기적으로 검사하여 변형정도가 심하거나 균열이 발생한 것은 爐 내에 장입시키지 않도록 한다.
- SIC 또는 Alumina Plate는 고온에서의 열팽창에 따른 문제를 고려해 대판 사면에 칼집을 내어 축소 팽창에 따른 여유율을 주어야 한다.
- 爐 출입구에 적외선 감지기(Radiation Sensor)를 설치하고 피열물의 적재 높이에 맞게 경보장치와 연계 제어하여 항상 제품의 이상 여부를 확인할 수 있도록 하여야 한다.

- 爐 출구 측에 Encounter(대판이동수량 점검장치)를 설치해 제품이 적재된 대판이 일정한 수량으로 반입되는지를 확인하는 것이 바람직하다.
- 爐 가열부의 내화물 상부구조는 조립식으로 구성하여 Plate Jam 발생 시 신속히 대처할 수 있도록 하여야 한다. 만일 爐 내화물 상부구조가 Mortar Cementing되어 있을 경우 爐를 새로 제작하여야 하는 상황까지 갈 수 있으므로 이 점에 주의하여야 한다.

4.2.3 Rotary Tube Furnace

관상 형태의 爐 내부에 사용온도에 적합한 관을 삽입하고 회전시키고 Screw Feeder 또는 Vibration과 같은 이송장치를 이용하여 분말 및 슬러리 형태의 피열물을 로 심관 내에 연속적으로 투입시켜 열처리할 수 있는 연속식 爐로서, 특히 피열물을 교반시키면서 균일 가열할 수 있으므로 분말상의 재료, 예로 경량골재 및 Ceramic Powder, 금속분말 등의 하소 및 열처리의 연속작업에 최상의 조건을 갖춘 爐이다.

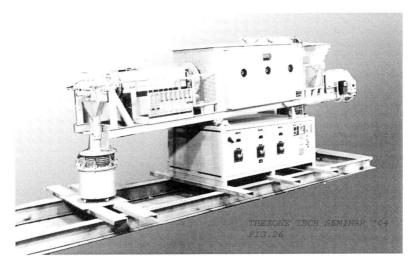

그림 4-23 Atmosphere Rotary Tybe Furnace의 형상

Rotating Tube Furnace의 구성은 크게 이송 및 회전 장치, 가열장치, 냉각장치 및 수거 및 기울기 장치 등 4Part로 분류되며, 각 Part별 특징은 다음과 같다.

(1) 이송 및 회전(Rotating) 장치

① Main Hopper

금속 및 세라믹 파우더와 같은 피열물을 저장 또는 이송장치로 투입하는 역할을 하며 Hopper의 유형 및 파우더의 점도(粘度) 및 입자규격(Particle Size)에 따라 Bridge 현상이 발생할 수 있으므로 Hopper 내에 별도의 교반장치를 설치하는 것이 바람직하다.

② Screw Feeder or Vibration 장치

피열물을 관 내로 이송시키는 장치로 주로 파우더인 경우 Screw Feeder를 사용하고 입자가 큰 피열물인 경우 Vibration 장치를 이용한다.

③ 구동(회전)장치

爐 내에 장입되어 있는 관(Tube)을 회전시키는 장치로 주로 감속 Motor를 사용하며 속도의 조절을 위해 Invertor를 부가 장착하는 경우도 있다.

(2) 가열장치

가열장치는 로 심관(Tube)과 가열로 본체 두 가지로 구분되며 특징은 다음과 같다.

① 로 심관(Tube)

Rotary Tube Furnace의 축이 되는 재료로 사용온도에 따라 관의 재질이 설정된다. 예로 1,100°C 미만인 경우 주로 특수금속관(Stainless Steel 또는 Inconel)을 사용하고 1,150°C부터 1,400°C까지는 내식성이 강한 Mullite 계열의 관을 사용하며 1,450°C 이상에서는 고온강도가 뛰어난 Alumina(Al_2O_3의 함량이 97% 이상인 것)을 사용한다. 특히 Alumina 계열의 관을 사용할 때 관의 규격이 커지면서 발생하는 열팽창(Thermal Expansion)으로 인하여 Tube가 손상되는 경우가 적지 않다. 따라서 사용온도가 1,500°C 이상인 Rotating Tube Furnace를 조업 현장에서 직접 이용하는 것은 고액의 유지보수비를 지불하여야 하는 조건이 있으므로, 이 경우에는 다른 형태, 예를 들어 Batch 爐 또는 Pusher Plate형 연속식 爐를 사용하는 것이 바람직하다.

② 가열부 본체

Rotary Tube Furnace의 가열 부는 타 연속식 爐와 동일하게 예열구간 및 고온구간으로 분리되어 있으며 각 구간별로 Zone을 구성하고 Baffle(가로막)을 주어 Zone별 온도를 개별적으로 조절토록 설계되어 있다. 특히 1,100℃ 이상 고온 사용인 경우에는 세라믹 관을 사용해야 하기 때문에 세라믹 관의 열충격으로 인한 손상을 방지하기 위해, Zone을 세분화(細分化)시키는 것이 바람직하다. 예열구간 및 고온구간의 발열체 및 내화물은 사용온도에 따라 다르게 구성될 수 있다.

(3) 냉각장치

재료의 성분 및 사용온도에 따라 별도의 냉각관을 설치하는 방법과 가열구간에 장입된 관(Tube)을 한 몸체로 하여 별도의 냉각장치 없이 서냉시키는 두 가지 방법이 있다. 그러나 Rotary Tube Furnace를 사용하는 피열물의 특성상 별도의 냉각장치 없이 주로 한 몸체에서 가열 및 냉각을 병행시키고 냉각은 Collection Hopper(피열물 수거 및 보관 장치)를 이용해 수냉각 또는 공랭(空冷)식으로 하는 방식을 사용하고 있다.

(4) 수거보관 및 기울기(Tilting) 장치

① Collection Hopper

열처리가 완료된 피열물을 로 본체 냉각부로부터 받아 보관하는 장치로, 주로 Stainless Steel 계열의 재질을 사용하여 제작하며 Hopper Case를 이중으로 구성하고 수냉각 또는 공냉을 통하여 재료를 냉각시키는 목적으로도 사용된다.

② Tilting 장치

관이 장입된 爐 본체를 기울여서 피열물이 자연스럽게 이송할 수 있도록 하는 장치로 기울기 각도에 따라 열처리 Process가 결정되므로 기울기 각(角)의 설계에 신중을 기해야 한다. 피열물의 비중 및 입자의 규격, 그리고 생산량 및 관의 회전속도 등에 따라 차이가 있지만 일반적인 Rotary Tube Furnace의 기울기 각은 약 5°에서 11°까지의 범위에서 사용되고 있다.

(5) Rotating Furnace의 사용 시 주의할 점

① Rotary Tube Furnace의 취약부분은 관(Tube)과 Rotating 부분의 결합(Sealing) 부분이며, 특히 고온 하의 환원 분위기용 가스(Reduction Gas)를 사용할 경우 이 부분의 설계에 각별히 신경을 써야 한다.

② Rotary Tube Furnace의 가장 큰 장점은 피열물(Powder)이 관의 회전에 의해 자동 교반되면서 재료 각각이 균일한 가열온도를 취할 수 있어 양성의 재료를 얻을 수 있다는 특징이 있다. 그러나 관 내에서 교반되는 피열물의 양이 관의 면적에 대비하여 15%가 초과할 경우 피열물이 서로 뭉치는 현상을 보여 균일하게 열처리할 수 없다는 문제가 있다. 이 경우, Tilting 각도의 수정 및 Tube의 회전속도 등 기타 장비 전체적으로 재설계가 있어야 하므로 가급적이면 파우더의 이송양을 관 면적 대비 15%가 넘지 않도록 각별히 주의해야 한다.

③ Rotary Tube Furnace의 또 다른 문제점은 관 내에서 이송 중인 피열물들이 점진적으로 관의 내피에 달라붙어 발생하는 Tube Contaminate 현상이다. 이러한 문제가 발생했을 경우 피열물의 이송이 자유롭지 못하게 되어 가열 Process에 영향을 주게 된다. 따라서 가급적이면 관의 내부를 정기적으로 점검하고 청소하여야 한다.

4.2.4 Car Tunnel Kiln 외

(1) Working Beam Furnace

Cylinder에 의해 시간 간격을 두며 동작시켜 爐판 위의 피열물과 Tray 등을 연속적으로 처리하는 형식의 저항가열로로서, 연속 이동할 때 흔들림이나 마모가 일어나지 않으므로 비교적 중량이 무거운 피열물이라도 기구상 제약이 없고 Tray 역시 그다지 강도를 필요로 하지 않는다는 장점이 있다. 사용범위로는 주로 대형 鋼, 각종 단조, 열처리에 응용되고 있으며 분말야금용 소결에도 분위기 구조로 제작하여 이용되고 있다.

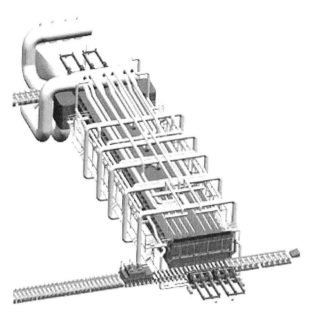

그림 4-24 Working Beam Furnace의 형상

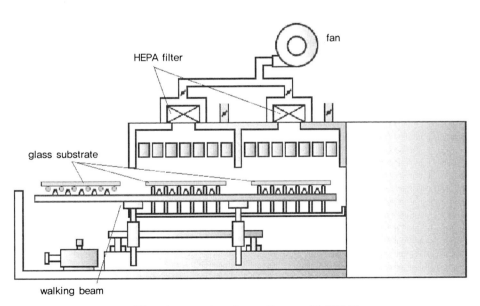

그림 4-25 Working Beam Furnace의 구조도

(2) Atmosphere Humpback Furnace

주로 환원용(수소 / H$_2$) 분위기를 주목적으로 하는 피열물을 처리할 때 사용되는 연속 爐로 爐의 가열부 및 냉각부가 입출구보다 약 15° 정도 높게 설정된 Conveyor Belt Furnace의 구조변형 연속 爐이다. 특히 수소의 비중이 공기 대비하여 약 0.069 정도인 관계로 爐 가열부 및 냉각구간에서 자연적인 Pack 가스층이 형성되어 최소량의 수소가스 사용만으로도 최상의 환원 분위기 효과를 볼 수 있다는 장점 때문에 여러 분야에서 널리 이용되고 있다.

주 사용범위로는 자동차 부품의 Brazing 처리 및 Stainless 鋼의 광휘 소둔 등에 사용되고 있으며 爐의 구조상 최대 사용온도를 1,150℃까지밖에 할 수 없다는 단점도 있다.

그림 4-26 Humpbauk Furnace의 형상

① Humpback Furnace의 구조

타 연속식 爐, 특히 Conveyor Belt Furnace와 마찬가지로 가열부 및 냉각부로 구분되며 환원 분위기용으로 수소(H$_2$)가스를 사용하는 이유로 爐 입구부터 출구까지 특수금속(Stainless Steel 310S 또는 Inconel 601)으로 제작된 로 심관(Muffle)이 장입되는 특징이 있다. 특히 Humpback Furnace의 특성상 爐의 입출구가 가열 및 냉각구간보다 낮게 설계되어 있으므로 Muffle 설계 시 경사면의 이음새 및 Flange 처리에 세심한 주의를 기울

어야 한다.

가열구간은 예열구간(Pre-Heating Section)과 고온(Firing / Heating Section)구간으로 분리되며 각 구간별로 별도의 독립 가열구간(Zone)을 설정하여 구간(Zone)별로 개별적인 온도 조절을 실행하는 것을 기본으로 한다.

가열부 중 예열구간의 사용발열체는 Fe-Cr 또는 Ni-Cr 등 합금 발열체용 Molding Heater 및 Fe-Cr Wire가 내장된 Quartz Glass 발열체를 주로 사용하고 있다. 고온구간은 사용온도에 좌우되나 $1,100^{\circ}C$ 이상인 경우 Silicon Carbide 발열체를 내장하는 것을 기본으로 한다. 내화물은 피열물의 처리속도에 따라 틀리나 준생산용은 세라믹보드와 내화연와를, 그리고 대형 爐는 내화연와를 주로 사용한다.

냉각구간은 내산화성이 높은 Stainless Steel 316으로 제작된다. 피열물의 적재 용량에 따라 다르나 보편적으로 1,200~1,800mm 단위로 나누어 개별의 냉각 Section을 구성하는 것을 원칙으로 한다.

Humpback Furnace의 가열부 입구에는 타 연속식 爐와는 달리 수소 Pack 가스층이 형성되고, 爐 내의 압력이 높아질 때 형성된 Pack 가스가 하부로 이동하는 현상이 발생할 수 있으므로, 필히 로 입구 상부 측에 방폭구를 설치하여야 한다. 방폭구의 덮개는 고압 시 자유롭게 개방될 수 있는 알루미늄 호일 같은 재질로 Packing 처리하여야 한다.

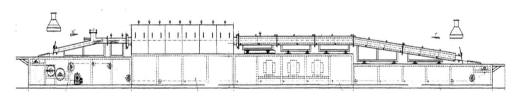

그림 4-27 H_2 Gas용 Humpback Furnace의 구조도

② Humpback Furnace의 Muffle 제작 시 주의할 점

Humpback Furnace에 내장되는 Muffle은 앞서 기술하였듯이 입 출구 및 냉각부의 일부가 爐 본체, 즉 가열부보다 약 11°에서 15° 정도 경사각을 주어 설치되므로 이음새 부분 및 경사부분의 설계에 주의를 기울어야 한다. 특히 가열부의 Muffle 형태는 상부구조가 아

치형으로 설계되는 데 반하여 냉각 및 경사부는 일반 Box형으로 제작되기 때문에 이음새 부분은 가급적이면 용접을 하지 말고 Flange를 사용 결합하여야 하며, Sealing 재료로는 고온까지 견디는 특수재료를 선정하여야 한다.

가열구간 Muffle의 구조는 가스 주입을 위한 별도의 특수금속 관을 삽입하고 Nozzle 형태의 Hole을 구성하여 수소가스가 골고루 분포 될 수 있도록 설계하는 것이 바람직하다.

③ Humpback Furnace의 분위기 조건

    ㉠ 냉각구간에서의 Coloring 발생 방지

실제 환원 분위기 열처리를 하다 보면 제품(특히 Stainless Steel)에 녹색, 남색, 또는 보라색 계통의 Color(산화부식의 종류)가 발생하는 것을 보게 된다. 이 것은 제품이 爐 내에서 충분한 환원반응이 일어나지 않았다는 뜻이다. 보통 이러한 경우에는 작업자들이 고온구간에 수소가스의 양을 보충 공급하는 경우가 많은데 옳지 않은 방법이다.

Humpback Furnace의 분위기 가스로 사용되는 수소가스(H_2)는 밀도가 공기 밀도의 0.069 정도로 대기 중에서는 가스로 존재하고 다른 물질과의 반응성이 낮다. 그러나 높은 압력과 대기의 온도에서는 유기 화합물과 폭발적으로 반응하며 보통 압력과 높은 온도에서는 산소 또는 산화물과 반응하여 환원제 역할을 하게 된다. 따라서 가열구간에서는 최소량의 수소만으로도 환원 분위기 형성에 아무런 문제가 없다.

그럼 왜 이러한 산화(Coloring)가 발생하는가? 문제는 Dew Point(노점)와 냉각 구간에서의 수소가스의 양에 좌우되기 때문이다. 거듭 말하지만 수소가스는 고온 및 보통 압력에서는 산화물과 반응하여 환원제 역할을 한다. 즉, 고온구간에서 소량의 수소가스만으로도 완벽한 환원열처리가 된 피열물이 냉각구간으로 이동하면서, 온도가 저온으로 떨어지면서 다시 산화가 발생하기 때문이다. 이 경우, 우선은 산화의 색상을 확인한 뒤에 냉각구간의 분위기 양을 보충하고 배기구에 설치되어 있는 Ball 또는 Throttle Valve를 조절하여 가스의 배기량을 최소화시키는 것도 산화를 방지할 수 있는 방법이다.

ⓒ Ventilation Port(가스배기구) 조절

가급적이면 환원 분위기로는 예열, 가열구간 및 냉각구간별로 가스배기구를 설치하고 배기구 출구에 미압 센서가 부착된 트로틀 밸브를 설치한 후에 점화장치(Ignitor)를 최종 설치하는 것이 바람직하다. 즉, 사전에 설정된 가스의 압력에 따라 배기구가 자동 배출되는 장치로서 이러한 방법은 수소가스가 대기 중의 고압에서 유기화합물과 폭발적으로 반응하는 것을 방지하여 줄 수 있으며, 아울러 수소가스의 사용량을 최소화시킬 수 있다는 장점이 있기 때문이다. 특히 Humpback Furnace는 爐의 가열부 및 냉각부 경사각 아래로 Pack Gas층이 형성되기 때문에, 가스배기구의 조절이 이루어지지 않을 경우 Pack Gas층이 방폭구 또는 爐 입출구로 밀려나와 대형 사고를 일으킬 수 있기 때문이다.

(3) Car Tunnel Kiln

대차(Car Bottom) 위에 피열물을 적재하고 Tunnel 상의 爐 내를 연속적으로 이동하면서 열처리하는 형식이다. 구조가 간단하고 주로 대형의 구조 爐로 사용되며 내화물 또는 부피가 크고 중량이 있는 피열물의 연속 열처리에 사용되며 가열 Cycle이 긴 열처리에도 적합한 장점이 있다.

Car Bottom Tunnel Kiln의 원리 및 爐의 구조는 Pusher Plate Tunnel Furnace와 동일하다. 단, Pusher 爐인 경우 Main Pushing 장치가 피열물이 적재된 대판(Plate)과 대판을 밀어 이송시키는 것에 반해 Car Bottom Tunnel Kiln은 대판 대신에 대차(Car)와 대차를 밀어준다는 차이가 있다. 따라서 Car Bottom Kiln의 특징은 대판을 사용하지 않기 때문에 Pusher식 연속로의 단점인 Plate Jam(대판 겹침) 현상이 없어, 유지보수가 용이하다는 데 있다. 단, 고온의 열로 인하여 대차(Car)의 기본구조장치 또는 하부구조가 부식, 변형될 우려가 있으므로 정기적인 점검을 통하여 문제 발생을 방지해주는 것이 바람직하다.

🕯 열원인 전기인 대차식 Tunnel Kiln의 주 사용온도는 550~1,450°C까지이며, 더 이상의 고온(1,700°C) 열처리를 요구할 경우, 열원이 전기가 아닌 가스(LPG 또는 LNG)를 사용하는 것이 일반적이다.

THEZONE TECH SEMINAR '04
FIG.3 CAR TUNNEL KILN

(4) Roller Hearth Kiln

온도에 따라 세라믹 또는 내열강의 Roller에 의해 피열물을 연속적으로 처리하는 연속 爐로 각종 판재 또는 봉재, 관재 등의 기다란 형태를 가진 피열물의 소순, 소준 등에 이용된다. 특히 타일 및 세라믹 등 요업제품의 소성, 소결 및 Glazing(유약) 처리에 주로 이용되고 있다.

본 형태의 연속 로는 Pusher Plate Furnace와 마찬가지로 뛰어난 온도분포도를 취할 수 있으며, 각종 특수장치를 이용하여 爐 내의 산소부족 현상을 보완할 수 있으므로 최근에는 전자 세라믹 제조업계에서도 주로 사용하고 있는 대표적인 연속식 爐의 한 형태이다.

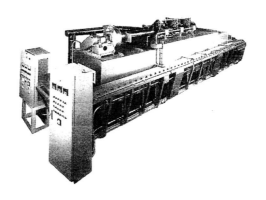

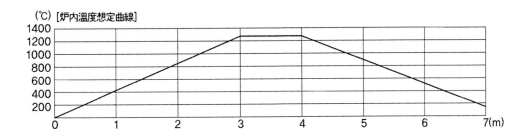

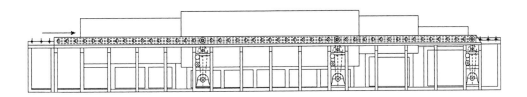

(5) Shaker Hearth Furnace

로체 위에 설치된 로 판의 진동에 의해 피열물을 연속적으로 처리하는 가열로로서 구조가 단순하여 Bolt, Nut, Pin, Bearing 등과 같은 소품의 대량 열처리에 사용되고 있다.

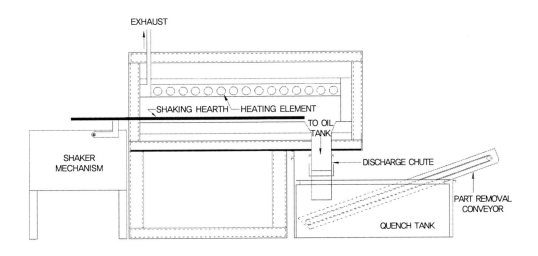

(6) 회전판 로

발열체를 Ring 형태로 배치시켜 이단구조로 되어 있으며 Space의 절감을 꾀할 수 있다. 각종 단조용 가열, 각종 소성용 또는 출구에 냉각장치를 달아 공구강의 소입, 용체화 처리 등에 사용된다.

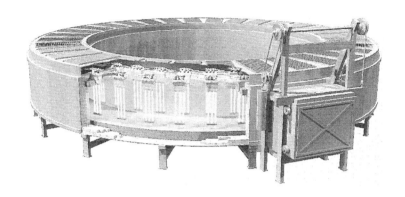

4.3 기타 특수로

전기로에는 저항로 외에도 전자유도작용에 의해서 피열물에 전류를 유기(誘起)케 하여, 그 자체의 저항 발열에 의해서 가열하는 유도로(誘導爐)가 있고, 아크를 발생시켜 열을 구하는 아크 爐가 있다. 전해욕의 온도를 올려서 용융하고 동시에 전기분해를 하는 전해로(電解爐) 일명 Salt Bath라 불리우는 염욕 로(鹽浴爐) 등이 있으며 다음과 같이 각 爐별 특성을 개략적으로 알아보기로 하자.

4.3.1 유도로

전자유도 작용에 의해서 피열물에 전류를 유기시키고 그 자체의 저항발열에 의해서 가열하는 유도로에는 고주파 유도로와 저주파 유도로가 있다.

(1) 저주파 유도로

일반적으로 상용 주파수를 사용하며 변압기의 2차 회로가 용융해야 할 금속으로 구성되어 있으며, 변압기는 2차 측이 단락된 것과 같은 상태에서 대전류가 흘러 금속을 용융시키는 방식이다.

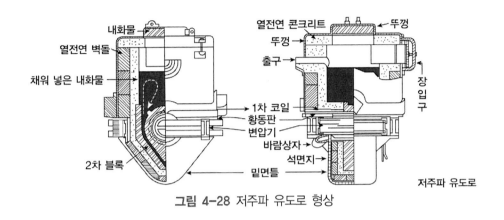

그림 4-28 저주파 유도로 형상

로의 구조는 주로 수직형 저구로(Ajax-Wyatt)와 같은 형태이며, 역률이나 효율이 좋지만 로의 구조가 복잡하며 항상 용탕(잔탕)의 루우프를 만들 필요가 있다는 단점이 있다. 비교적 용융점이 낮은 아연, 알루미늄 및 황동의 용해에 주로 사용된다.

(2) 고주파 유도로

원통형으로 감긴 1차 코일(수 냉각관 포함)의 내부에 내화재료(또는 내화도가니 사용)를 채워놓고 그 속에 Charge를 장입하여 가열·용해하는 방식으로, 직접 용해법이라 하며 주로 강의 용해에 사용된다.

비철 금속과 같은 소재는 흑연도가니를 사용하고 이것을 유도 가열하고, 그 내부에 Charge를 넣는 간접 용해법이 이용되고 있다.

사용 주파수는 10,000~500c/s 정도이며 전원으로 주로 고주파 발진기를 사용한다. 고주파 유도로의 특징은 역률이 불량하여(8~20% 정도) 콘덴서를 병렬로 넣어서 보상하며, 또한 고주파를 사용하는 까닭에 모선의 배치 및 구조 등이 잘못되었을 경우 리액턴스가 증가하여

로에 전력이 걸리지 않는 경우도 있다.

4.3.2 아크로

(1) 직접식 아크로

직접식 아크 爐의 종류에는 로의 Cover(뚜껑)에 몇 개의 흑연전극을 넣는 방식인 헤로울트 爐(Heroult Furnace)와 로의 바닥에 흑연전극을 삽입시키는 지로우 爐(Girod Furnace) 및 그리이브스 에첼 爐(Greaves Etchell's Furnace) 등이 있으나 주로 헤로울트 爐를 주 방식으로 사용하고 있다.

주로 제강로로 사용되고 있는 헤로울트 爐는 용해기 후의 정련시의 전호상태가 전극이 음극일 때는 아크가 조용하지만 양극일 때는 용재면이 물결치고 심한 경우에는 분사상태가 된다. 따라서 교류의 경우 전류변동의 원인이 되므로 적당한 직렬 리액터를 사용하여 아크를 안정시키는 방법도 있다.

직접식 아크로 역시 장입 물 내에서도 저항발열이 일어나며, 특히 그 발열작용을 구조로 하는 저항 병용 爐 같은 방식도 있다.

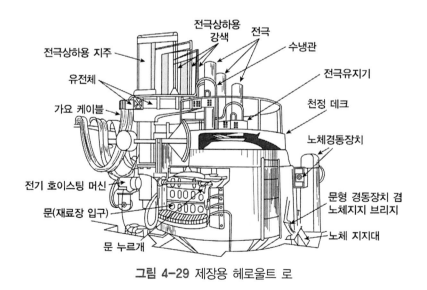

그림 4-29 제장용 헤로울트 로

(2) 간접식 아크로

탄소 또는 흑연의 전극 간에 아크를 발생시키고, 그 발생열을 방사 등에 의하여 피열물에 부여하는 구조로 요동 로(搖動 爐)를 예로 들 수 있다.

요동로란 원통형의 로체를 그 축을 수평으로 하고 요동(왕복 또는 회전)시키는 것으로 재료의 장입구 및 추출구가 원통 면에 있다. 주로 황동, 백동, 청동, 알루미늄 및 합금의 용융용으로 사용되고 있으며 구조상 재료가 손실되는 경우가 적고 또한 증발 손실도 적지만, 역률이 낮다는(75% 이하) 단점이 있다.

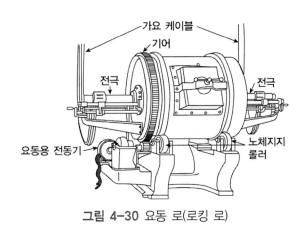

그림 4-30 요동 로(로킹 로)

4.3.3 전해로(電解爐)

알루미늄 및 알칼리 금속의 제련에 주로 쓰이는 전해로는 용융과 전기분해를 동시에 병행할 수 있다는 장점이 있다. 예를 들어, 알루미늄의 전해는 원료로 보오크사이트(Bauxite, $AL_2O_3 \cdot 3H_2O$)를 정련하여 순수 Al_2O_3를 만들고, 이것을 전해욕에 투입하여 전기분해를 한 후에 음극 로 바닥 위에 석출시킨다. 이때 산소는 탄소 양극 면에 석출되어 산화탄소가 된다.

전해욕으로는 빙정석(Cryolite 3NaF·AlF₃), 칼슘, 나트륨 등의 할로겐화물로 이루어져 있으며 성분과 배합은 융점을 내리는 동시에 비준을 작게 하여 Al이 밑면에 고이기 쉽도록 선정된다.

전해로의 구조로 전극은 음양의 양극이 모두 탄소이며, 밑면에 알루미늄을 모으기 위해

탄소를 두르게 하여 부극을 형성시키며 양극은 용융염 속에 장착하는 것을 기본으로 한다. 전극의 형상은 주로 막대 또는 판형이며, 전류밀도는 12,000A/m²이다.

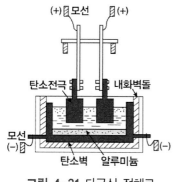

그림 4-31 다극식 전해로

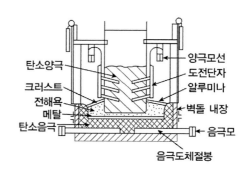

그림 4-32 수평형 제더베르그식 전해로

로의 사용온도는 800℃에서 900℃ 정도까지이며, 전해 때문에 흐르는 전류에 의해서 발생하는 용융체의 저항열로도 충분하기 때문에 별도의 가열 목적의 전력을 필요로 하지 않는다. 전극 간의 전압은 5~6V 정도여서 전해로는 수십 대씩 직렬로 하여 사용하는 경우가 많다.

4.3.4 염욕로(鹽浴爐)

일명 Salt Bath라 부르며, 염화바륨 또는 염화바륨과 염화칼슘과의 혼합물, 그밖에 청산염 등의 용융염을 爐 속에 채워넣고 여기에 전류를 통하여 발열시켜 용융염 속에 들어 있는 재료를 가열하는 데 사용된다.

염욕로의 장점은 재료가 복잡한 형상을 가졌어도 매우 고르게 가열시킬 수 있다는 것이다. 또한 재료의 표면만을 담금질하는 작업에도 효과가 뛰어나 정밀기계의 부품이나 공구류의 담금질에 널리 사용되고 있다. 사용온도에 따라서 염혼합의 비율이 변경하는데, 사용 최고온도에서 증발이 심하지 않고 아울러 최저 온도에서도 역시 응고되지 않아야 한다.

05
저항가열에 의한 열처리의 종류

05 저항가열에 의한 열처리의 종류

5.1 열처리(熱處理)란?

열처리란 요구하는 성질을 부여하기 위한 목적을 위해 고체에 가열과 냉각의 조작을 수행하는 작업을 말하며, 넓은 의미로 열 간의 형성 가공을 위한 가열을 뜻하나 일반적으로는 조질을 목적으로 하는 가열과 냉각을 말한다. 가끔 열처리는 물리적 또는 기계적 처리와 조합하는 경우도 있다. 예를 들어 자석강의 자성을 향상시키기 위해 자장냉각을 한다거나 특수공구강의 톱 등에서 볼 수 있는 변형 교정을 겸한 Press Tempering, 또는 강력판을 만들기 위한 목적으로 상온 이하의 온도에서의 압연(Subzero Rolling) 등이 있다.

한편 기타의 탄소강 및 저합금강의 일부는 열처리를 수행하지 않고 사용하는 경우도 있으나, 고합금강이라든지 공구강은 예외 없이 열처리를 하여 사용하는 것이 원칙이다.

5.1.1 열처리의 목적

열처리의 목적에는 다음과 같이 여러 가지가 있다.

경도(硬度) 또는 인장력을 증가시키기 위한 목적	소입(Quenching)
조직을 연(軟)한 것으로 변화시키던가 또는 기계가공에 적당한 상태로 하기 위한 목적	소둔(Annealing)
조직을 세분화하고 방향성을 적게 하고 균일상태로 만들기 위한 목적	소준(Normaling)
냉간가공의 영향을 제거할 목적	중간 소둔
마크로 반응력을 제거하고 미리 기계 가공에 의한 제품의 비틀림 발생 또는 사용 중의 파손을 방지하기 위한 목적	변형제거 소둔
조직을 안정화시킬 목적	소둔, 소려(Tempering)
내식성을 개선할 목적	Stainlesws 강의 소입
자성을 향상시키기 위한 목적	소둔
표면을 경화시키기 위한 목적	고주파 소입 등
기타	고망간 강의 소입 외

5.1.2 강의 일반 열처리의 종류

(1) 소둔(燒鈍): Annealing(풀림)

소둔이란 조작과 목적이 다른 여러 가지 종류의 열처리를 표현하는 데 사용되는 폭넓은 말로서 물질의 내부응력을 제거한다든지, 경화시킨다든지 결정립을 세분화하는 목적으로 하는 열처리 방법이며 종류는 다음과 같다.

소둔의 종류	전문 용어	용어 설명
완전 소둔	Full Annealing	철강을 AC3점 또는 AC1점 이상의 온도로 가열하고 그 온도에 충분한 시간 유지를 한 후 서서히 냉각하여 연화하는 조작법
연화 소둔	Softening	이미 열처리가 되어 있거나, 경화되어 있는 것을 기계가 가공할 수 있도록 AC1점 부근의 온도로 가열하는 조작법
구상화 소둔	Spherodizing	기계적 성질을 개선할 목적으로 철강중의 탄화물을 구상화하는 조작법
응력제법 소둔	Stress Relieving	철강을 변태점이하의 적당한 온도로 가열 유지하여 주조 외 기타 열처리로 생긴 잔류응력을 제거하는 조작법
저온 소둔	Low Temp. Annealing	내부응력의 저감 또는 연화를 목적으로 AC1 이하의 온도에서 처리하는 조작법
확산 소둔	Diffusion Annealing	강을 균질화하기 위해 AC3 점 이상의 온도로 가열하는 조작법
상형 소둔	Box Annealing	풀림 시의 표면산화를 방지하기위해 강을 밀폐된 용기 속에 넣어 분위기 가스와 함께 가열하는 조작법
중간 소둔	Process Annealing	냉각가공으로 경화한 강을 연화하고, 다시 냉각 가공을 쉽게 할 목적으로 재결정 온도 이하에서 가열하는 조작법
가단화 소둔	Malleablizing	백철의 화합탄소 전부 또는 일부를 장시간의 가열에 의해 흑연화하고 또는 표면에서 탈탄시켜 끈끈한 주철을 얻기 위한 조작법
흑연화 소둔	Graphiteizing	강의 탄소성분을 흑연으로 변화시키기 위한 조작법

(2) 소준(燒準) : Normaling(불림)

소준이란 물질을 표준상태, 즉 물질 본연의 자세로 하기 위한 열처리 방법으로, 한 마디로 강(鋼)을 연(軟)하지도 않고 경(硬)하지도 않게 적당한 강도를 지니게 하는 조작이다.

소준의 종류	전문 용어	용어 설명
보통 소준	Normal Normalizing	온도를 AC3 및 Acm점보다 30~500°C 높게 가열하여 공냉시키는 조작법
이단 소준	Stepped Normalizing	온도를 오스테나이트화 온도보다 30~500°C 높은 온도로 가열하고 임계구역까지 공냉한 후 다시 서냉하는 조작법
항온 소준		강을 오스테나이트화 온도로부터 500°C 정도 높은 온도로 가열하고 등온처리한 후 약 5,500°C에 해당하는 염욕(Salt Bath)에 투입하고 항온을 유지시켜 변태 완료한 후에 다시 공냉 또는 수냉하는 조작법

(3) 소입(燒入) : Quenching(담금질)

소입은 강을 경하게 또는 강하게 만드는 열처리 조작이다.

소입의 종류	전문 용어	용어 설명
수(중)소입	Water Quenching	냉각제에 물을 사용하여 처리하는 담금질
유(중)소입	Oil Quenching	냉각제에 기름을 사용하여 처리하는 담금질
분무 소입	Fog Quenching	무상의 냉각 중에서 행하는 담금질
프레스 소입	Press Quenching	프레스 한 상태에서 행하는 담금질
분사 소입	Spray Quenching	냉각제를 분사하여 행하는 담금질
부분 소입	Selective Quenching	국부적으로 하는 담금질
서브제로처리	Subzero Cooling	강을 0°C 이하의 저온도로 냉각하는 조작법
마르퀜칭	Mar-Quenching	강의 왜곡발생과 담금질균열을 막고 적당한 담금질 조직을 얻기 위하여 마르텐사이트 생성 온도의 상부온도로 유지한 냉각재 중에 소입하여 각부가 그 온도가 되기까지 유지한 후 서냉하는 조작법
기타		역풍소입(Air Blast Quenching) 광휘소입, 전해소입, 고주파소입 등이 있음

(4) 소려(燒戾): Tempering(뜨임)

소려는 소입 또는 소준 처리한 강의 경도를 감소시키고 점성을 증가시키기 위해 변태점 이하의 온도로 가열한 후 적당한 연도로 냉각시키는 조작법을 말한다.

소려의 종류	용어 설명
보통 뜨임	담금질한 강을 변태점 이하로 가열한 후 냉각하는 조작
반복 뜨임	1회의 뜨임으로 충분하지 않은 경우 반복하는 조작
점성 뜨임	점성과 내마모성을 주기위하여 100~200°C로 저온 뜨임하는 조작
스프링 뜨임	스프링같이 강인성과 탄성을 주기 위하여 400~500°C로 뜨임하는 조작
고속 뜨임	담금질 후 500~600°C로 뜨임하는 조작
프레스 템퍼	담금질한 탄소강을 가열하면서 프레스하는 조작

5.1.3 표면경화 열처리

(1) 침탄(浸炭, Carburizing)

강의 표면층 탄소량을 증가시키기 위해 침탄재 중에서 가열처리하는 조작이다. 침탄재의 종류에 따라 고체침탄, 액체침탄, 가스침탄으로 나뉜다.

(2) 침탄침질(浸炭浸窒, Re-Carburization)

강의 표면층에 탄소 및 질소를 동시에 확산시키는 조작이다. 일명 침탄질화라고도 불리며 처리방법에는 침탄가스에 암모니아를 첨가하여 하는 가스침탄침질 및 청산염을 향유하는 염욕 중에서 행하는 액체침탄침질이 있다.

(3) 질화(窒化, Nitriding)

철강의 표면층에 질소를 확산시켜 표면층을 경화하는 조작이다.

(4) 침규(浸硅, Siliconizing)

규소를 강의 표면에 확산시켜 내식성 피막을 만드는 조작이다.

(5) 시멘테이션(Cementation)

금속재료의 표면층의 경도 또는 내열내직성의 향상을 위해 고온에서 각종 매제를 통해 다른 원소를 표면에 확산시키는 조작이다.

(6) 갈바나이징(Galvanizing)

강의 내식성을 증가하기 위해 용융 아연 욕에 침지하여 강의 표면을 아연으로 피복하는 조작이다.

(7) 칼로라이징(Calorizing)

강의 내열성 및 내식성을 증가하기 위하여 분말 알루미늄 또는 이것을 함유하는 금속 혼합 분말 중에서 강을 가열하여 그 표면에 알루미늄을 확산시키는 조작이다.

(8) 크로마이징(Chromizing)

강의 내식성을 증가하기 위해서 고온에서 강의 표면에 크롬을 확산시키는 조작이다.

(9) 침유(Sulpaurizing)

강의 마찰계수를 저하시키기 위해 그 표면에 유황을 확산시키는 조작이다.

(10) 쉐라다이징(Sheradizing)

분말아연 또는 이것을 함유한 혼합분말 중에서 강을 가열하여 그 표면에 아연을 확산시켜 내식성 피막을 만드는 조작이다.

5.1.4 특수 열처리

(1) 항온풀림(Ausannealing)

짧은 시간에 연화풀림을 하기 위해 S곡선의 코 또는 그 이상의 온도(600~700°C)에서 행하는 조작이다. 공구강 및 특수강 기타 자경성이 강한 고속도강 등에 주로 적용한다.

(2) 오스템퍼(Austempering)

오스테나이트 항온 변태처리를 일컫는 말로, 오스테나이트 상태에서 Ar′와 Ar의 중간염욕에 담금질하여 강인한 하부 베이나이트로 만드는 조작이다.

(3) 마르퀜칭(Marquenching)

오스테나이트 구역에서 Ms점 직상의 염욕에 담금질하여 가의 내외가 동일한 온도가 되도록 항온을 유지한 후 다시 공냉하여 A″ 변태가 천천히 진행되도록 하는 조작이다.

(4) 마르템퍼(Martempering)

Ar″ 구역 중에서 Ms와 Mf점 사이에서 항온 처리하는 조작으로 열욕의 온도는 100~200°C로, 변태 완료 시까지 등온 유지한 후 공기 중에서 냉각하는 것을 기본으로 한다.

(5) 페이텐팅(Patenting)

오스템퍼 열처리 온도의 상한에서 미세한 Sorbite 조직을 얻기 위해 오스테나이트 가열온도로부터 500~550°C의 용융 납(Pb)의 욕 중에서 항온 유지시킨 후 공냉시키는 조작법이다.

(6) 베이나이트 열처리(Bainite Treatment)

고속도강에 베이나이트 조직을 생성시켜 강하고 부드러운 성질을 부여하기 위한 열처리이다.

5.1.5 기타

(1) Austenitizing

거의 모든 열처리의 맨 처음 단계로, 철을 어느 온도에서 충분히 가열하여 조직을 Austinite로 변형시켜 모든 탄소결합을 없애는 조작법이다.

(2) 단조(鍛造, Forging)

고체인 금속재료를 두드리거나 가압하는 기계적 방법으로 일정한 모양을 만드는 조작을 단조라 하며, 녹는점이 높은 금속재료에서 재결정이 진행되는 온도를 경계로 하여 그 이상의 온도에서 단조하는 것을 열간 단조(熱間鍛造), 그보다 낮은 온도에서 단조하는 것을 냉간단조(冷間鍛造)라고 한다.

(3) 시효(Ageing)

급냉 또는 냉각 가공 후 시간의 경과에 따라 강의 성질이 변화하는 현상을 말하며 담금질시효 또는 왜곡시효 등이 있다. 또한 실온에서 진행하는 시효를 실온시효(Natural Ageing), 실온 이상의 적당한 온도로 가열할 때의 시효를 인공시효(Artifical Ageing)라고 한다.

5.1.6 복합재료 및 요업 관련 열처리

(1) 소결(燒結, Sintering)

분말체를 적당한 형상으로 가압 성형한 것을 녹는점에 가까운 온도로 가열하여 서로 접합이 이루어지거나 일부가 증착하여 연결되도록 하는 조작법이다. Sintering(소결) 열처리 공법은 처음 녹기가 힘이든 Tungsten에서 시작되었으며 현재는 주로 복합재료(금속과 세라믹스)에 상용되는 조작법이다.

(2) 소성(燒成, Firing)

조합된 원료를 가열하여 경화성 물질을 만드는 조작을 말한다. 예로 도자기에서 초벌구이 이후의 열처리 작업을 소성이라 한다. 탄소제조 과정에서는 분말원료와 결합체를 혼합반죽

한 뒤 생성하고 가열하여 일정한 모양의 소재를 만드는데, 이러한 가열조작을 소성이라고 한다. 일반적으로 요업 등 무기화학공업의 재료과정에 주로 사용되고 있다.

(3) 하소(煆燒, Calcining)

물질을 고온으로 가열하여 그 휘발성분의 일부 또는 전부를 제거하는 조작법이다.

(4) 단결정성장(Single Crystal Growing)

필요로 하는 물리 화학적 고체재료를 얻기 위해 고체-액체 및 고체-기체 상평형 관계, 열 및 물질 전달 등을 이용하여 가공하기 위한 적당한 크기의 결정을 얻는 공정이다.

(5) 탈지(脫脂, Dewaxing)

혼합분말의 압분체가 일정한 형상을 유지할 수 있도록 하기 위해서 원료 혼합 시 유기용제와 함께 파라핀을 혼합한 뒤 소결(Singterin)을 통하여 파라핀을 제거하는 공정이다.

(6) 메탈라이징(Metallizing)

비금속재(Non-Metallic Materials)의 표면에 금속을 접합(Coating)시키는 조작이다.

5.2 전기로 관련 열처리의 종류 및 특징

5.2.1 침탄소입

저탄소 합금강을 탄소분위기에서 약 900°C에서 930°C로 가열하면 강의 표면이 시간이 지남에 따라서 침탄한다. 이것을 소입, 소둔하여 표면 경화시키는 열처리를 침탄이라고 한다.

현재 침탄 소입을 이용하는 저항가열로는 Pot Furnace, Batch Furnace(횡형로) 및 Pusher형 연속로가 주로 사용되고 있으며 침탄 분위기 가스는 Propane을 변형시킨 흡열형 가스가 이용되지만, 최근에는 질소(N₂)가스에 메탄(Methane) 등을 첨가시킨 가스를 주로 사용하고 있다. 또한 냉각유조는 Pot Furnace인 경우 별도로 설치하지 않으면 안 되지만 횡행로 또는 Pusher Plate Furnace에는 일련의 장치 안에 내장시켜 작업시간의 단축 효과를 가져올 수 있다.

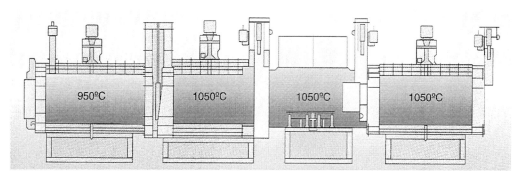

그림 5-1 연속식 Carburizing Furnace의 구조

최근에는 침탄 시간의 단축 또는 침탄층의 개질(입계산화방지)을 목적으로 한 신공 침탄로가 이용되는데, 이것은 침탄 온도 900~1,020°C 분위기 가스 변성과정이 없이 메탄 또는 Propane Gas를 로 내 압력(100~300 Torr, 1Torr＝1mmHG) 정도로 직접 송입함으로써 작업이 진행되는 장점이 있다.

5.2.2 질화 또는 연질화

각종 금형공구강과 질화강을 Ammonia(N_2H_3) Gas 또는 이온화가 된 활성질화 가스 중에서 약 500~600°C의 온도로 가열하면 강의 표면에 경질화 층이 형성된다. 이것을 질화(窒化)라고 하며, 침탄과 비교하여 가열온도가 낮고 특히 소입냉각이 필요하지 않기 때문에 정밀 부품의 표면경화 외에 그 사용하는 용도가 넓다.

활성 질소가스와 일산화탄소의 활성탄소가스의 혼합분위기 중에서 질화와 탄소를 동시에 진입시키는 표면강화를 가스 연질화라고 하며, 질화시간의 단축과 자유롭게 강의 종류를 선택할 수 있기 때문에 양산 기계부품의 열처리로 널리 이용되고 있다.

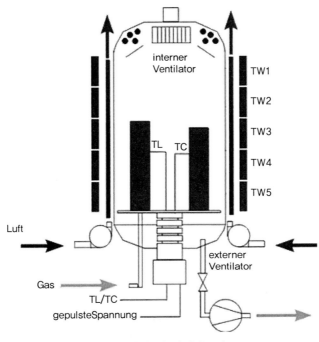

그림 5-2 질화 및 연질화로의 구조

질화로는 앞서 기술한 침탄로와 거의 비슷한 Pot Furnace 또는 Batch Furnace의 형식을 갖추고 있지만, 저온이란 점 때문에 가끔은 Salt Bath를 이용하기도 한다.

또 용기 내를 감압시켜 질소와 수소의 혼합가스를 약 3~5torr 봉입하여 방전을 생성시켜서 승온(500~600℃)과 질화를 동시에 처리하는 이온화법으로 진행시키기도 한다. 이 경우 오염이 없기 때문에 금형과 공구의 표면처리법으로 이용되기도 한다.

5.2.3 진공(Vacuum)

철강 또는 비철부품을 열처리하는 경우, 표면의 금속특성인 광휘성이 손실되기 때문에 가열에 따른 변형을 최소한으로 줄이는 방법이 대두되었다. 그 목적에 적합한 爐로써 진공로가 개발되었으며 내열식(냉벽면식)과 외열식(열벽면식)으로 크게 구분한다.

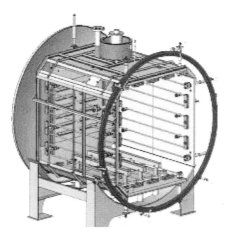

그림 5-3 진공로 Hot Zone 구조도

진공로의 주종인 내열식은 로의 내압이 통상 10^{-2} ~ 10^{-5} torr로 조작되며 복사열 차단벽으로 둘러싸인 발열체는 흑연(Graphite), Tungsten 또는 Molybdenum의 재료로 만들어진다. Fan은 냉각 시에 질소 또는 불활성가스(Incrt Gas) 중에서 작동시킨다. 이 경우 爐벽면은 수냉이므로 냉벽면식이라고도 한다.

처리온도가 1,000℃ 이상의 금형, 공구강, Stainless Steel 등 각종 신금속재료의 광휘 정밀 열처리에 적당하고, 사용하는 가스 또는 진공도는 열처리하는 재료에 따라 다양하게 선정할 수 있다는 장점이 있다.

냉각은 재료 또는 부품의 크기에 따라 광휘성을 손실시키지 않도록 고순도 불활성 가스 중에서 냉각시키지만, 진공가열실에 병렬로 설치시킨 유냉각실에 소입하는 2실식 진공로도 있다. 최근에는 열처리부품의 대형화에 맞추어 냉각속도를 빨리하기 위해 3~5기압의 고압 질소 가스를 봉입할 수 있는 진공로도 개발되어 있다.

둘째로 외열식(열벽면식)은 진공을 빼내는 형의 내열강재 또는 Tube형의 Retort가 내장된 爐로써 1,000°C 이상의 온도에서 이용되고 있다. 벽의 형식은 Belt형, Pot형 또는 Box 및 Tube형 등 다양한 형식으로 분류되지만 보통은 爐 내의 진공을 뺀 후, Retort 내의 질소, Argon 등 불활성가스와 함께 수소가스를 대기압 정도의 압력으로 봉입시켜 작업을 한다. 철강 또는 비철재료 등 특수금속의 광휘용 소순으로 이용되고 있다.

5.2.4 광휘 Gas 분위기 열처리

(1) 금형 및 전자부품 등

Press, Plastic 다이캐스트 등의 각종 금형과 각종 정밀기계, 전자부품은 열처리 변형이 적고 더군다나 광휘표면에 소입이 잘 된다. 피열물은 가열실에 넣고 爐 내의 질소가스 또는 수소가스를 주입하기 때문에 가열 중의 산화 탈탄은 전혀 일어나지 않으며, 냉각은 재질에 적합한 Process Gas를 쓰거나 유조에 넣고 냉각한다.

최근에는 열처리 온도와 가열시간, 그리고 분위기 가스 등이 자동으로 설정 처리되는 Computer 제어방식(Program Logic Control)을 응용하여 작업이 최적의 조건에서 진행되기도 한다. 주로 사용되는 온도의 범위는 약 600°C에서 1,150°C 정도이다.

(2) 동합금 등

동합금의 광휘 시료경화, 응력제거 소순, Stainless Steel의 광휘 열처리 또는 각종 강의 광휘 소둔에는 횡형 광휘 가열로 및 연속식 Humpback Furnace가 이용되고 있다. 가열로 내에 질소가스를 송입하여 열처리를 수행할 수 있으며 爐 측면에 분위기 가스 교반 Fan을 설치하여 로 내의 온도분포도를 균일하게 이룰 수 있다. 사용온도 범위는 100~600°C 정도이다.

(3) 철강 및 Stainless재 등

Stainless Steel 제품(Pipe, Wire, Press품, 주조품 등)의 용체화 처리뿐 아니라 광휘소순, 각종 Nickel, Copper, Silver 등의 광휘처리, 철강 또는 동합금 부품의 연속 광휘소순에는 연속식 광휘 열처리로가 이용된다. 최고 사용온도는 1,150°C이며 부품의 운송 방식에 따라 Pusher형과 Conveyor Belt형으로 구분되며 분위기 가스 로는 질소(N_2) 수소(H_2) 또는 침탄 성가스 등을 사용한다.

5.2.5 Brazing

브레이징이란 열과 용융 삽입제를 사용하여 모재를 접합하는 용접방법 중의 하나이며, 450°C를 기준으로 Soldering과 구분된다. 즉, 450°C 이상의 녹는점을 가진 용가재를 사용하여 모재의 녹는점 이하의 열을 가하여 모재를 접합하는 방식을 Brazing이라 통칭한다.

용가재를 용접하는 방법 중에는 흔히 용접이라 칭하는 'Welding'이 있는데 'Welding'과 'Brazing'의 차이점은 모재가 녹느냐 녹지 않느냐에 있다. 이러한 특징 때문에 Brazing은 Welding에 비해 큰 장점을 갖고 여러 분야에 응용되고 있는데, 그것은 모재가 녹지 않고 용가 재만으로 용접을 할 수 있기 때문에 모재의 변형이나 잔류 응력이 전혀 없기 때문이다. 일반적으로 생각할 때 접합면(용접부위)의 강도는 모재의 강도보다 적다고 생각하지만 비철금속에 있어서는 설계하기에 따라 모재보다 높은 강도를 Brazing을 통해서 이룰 수가 있다.

예를 들어 Stainless의 경우 130,000psi 이상의 접합강도를 갖도록 Brazing할 수 있다. Brazing된 접합면은 Ductile하기 때문에 충격이나 진동에 강하며, 근래 자동차의 부품 생산에 많이 이용되고 있다. 특히 용접면이 많고 Welding하기에는 힘든 부분이 있는 경우 Brazing을 적용하면 짧은 시간 내에 많은 제품을 강도 있게 용접할 수 있다는 장점이 있다.

Brazing은 방법에 따라 다음과 같이 분류된다.

Brazing의 방법	특징
토치 또는 가스버너 Brazing	열을 올리기 위해 여러 종류의 가스와 같은 연료와 공기나 산소 같은 산화제를 이용하는 방법
저항가열로 Brazing	균일한 온도를 제공하는 작업공간 내에서 설계한 대로 제품을 용접할 수 있다는 장점이 있으며, 특히 환원 분위기 사용으로 모재의 질을 극대화시킬 수 있다는 장점이 있음
Induction Brazing	가장 널리 보급된 고주파 Brazing을 뜻하며, 유도 코일로 Brazing에 필요한 열을 발생시키는 방법
저항 Brazing	접합부에 용가재를 넣고 전극을 통하여 발생되는 Joul(주울) 열에 의해 접합하는 방식으로 주로 단순한 형태의 이음에 사용
Deep Brazing	접합하고자 하는 부품에 용가재를 미리 도포한 후 용융된 플럭스가 있는 침적조에 담가 Brazing하는 방법

5.2.6 증착법

Press의 고속화 및 공작기계의 진보는 금형 또는 공구강의 수명 연장을 필요로 한다. 그 때문에 소입, 소둔 가공에는 만족하면서도 더 한층 표면에 탄화티탄, 질화티탄 등의 초경물질을 증착시키는 방법이 실용화되고 있다. 이 증착 방법은 900~1,200°C의 반응용기 내에 사염화 티탄 Gas와 Methane Gas 등의 탄화수소를 혼합하여 화학반응에 의해 탄화티탄을 피열물의 표면에 피복시키는 화학증착법(CVD)과 가열하지 않고 진공 용기 내에서 증착물질을 Plasma에 의해 이온화시켜 이온의 전기에너지를 이용하여 피열물에 증착막의 밀착도를 향상시키는 물리증착법(PVD) 등 두 가지 종류가 있다.

PVD법은 화학반응을 수반하지 않는 증착기술로서 주로 금속 박막의 증착에 사용되며, 이에는 진공 증착(Vacuum Evaporation)법과 Sputtering법 등이 있다. 반면 CVD법은 화학반응을 수반하는 증착기술로서 부도체, 반도체, 그리고 도체 박막의 증착에 있어 모두 사용될 수 있는 기술이다. CVD법에서는 화학반응을 일으키는 주된 에너지원으로 열에너지가 많이 사용되는데 이런 경우를 열(Thermal) CVD라고 한다. 열에너지 외에 플라즈마나 빛에너지도 사용되며, 이런 경우는 플라즈마(Plasma) CVD 또는 광(Photo) CVD라고 한다.

CVD법은 현재 상업적으로 이용되는 박막제조 기술 중 가장 많이 활용되고 있는 기술이며, 특히 IC의 생산공정에 있어서는 매우 중요한 단위공정이다. 그 이유는 화학기상증착이 높은 반응온도와 복잡한 반응경로, 그리고 대부분의 사용기체가 매우 위험한 물질이라는 단점에도 불구하고 고유한 몇 가지 장점들을 가지고 있기 때문이다.

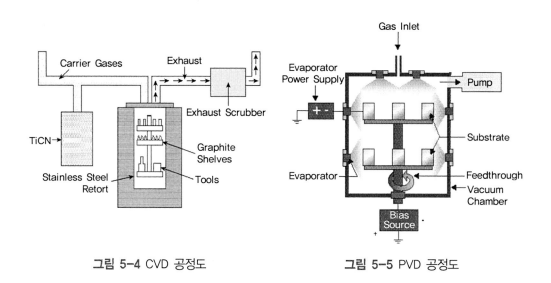

그림 5-4 CVD 공정도　　　　　그림 5-5 PVD 공정도

5.2.7 열간 정수가압 공업(HIP)

일명 HIP(Hot Isostatic Press)라 하는 것은 Argon, 베릴늄, 네온 등의 불활성가스를 압력 매개로 하여 통상 1,000~2,000기압의 정수압과 500~2,000°C의 온도로 초미분체 재료를 가압 가열 성형하는 장치를 이른다. 최근의 하이테크 재료들은 초미립자를 기초로 한 소결품들로서, 균일하게 불순물을 함유한 편절이 없는 기계적 강도가 큰 대부분의 금속 재료 및 특수세라믹을 성형하는 데 HIP를 주로 사용하고 있다. 사실 질화규소와 탄화규소 등의 고난이도의 소결체와 분말 고속도강 등은 HIP에 의해 비로소 완성되었다고 할 수 있다.

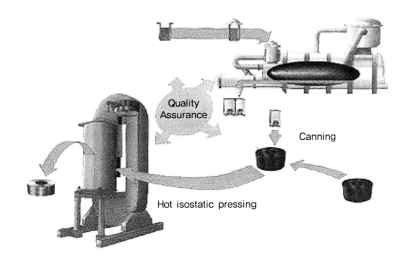

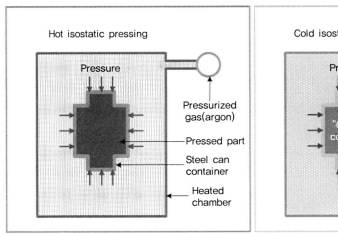

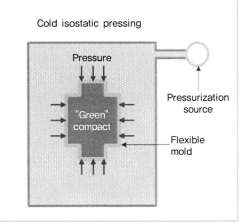

5.2.8 레이저 열처리

탄산가스레이저는 금속, 플라스틱, 세라믹 등의 절단 용접에 널리 이용되기 시작했으나 그 에너지의 집약 특성은 열처리에의 응용 분야를 넓혀왔었다. 복잡한 곡면과 곡선을 소입하는 데 적당하고 변형이 적은 깨끗한 열처리가 가능하며 스스로 냉각이 되어 경화하기 때문에 특별히 냉각제가 필요없다는 장점이 있다.

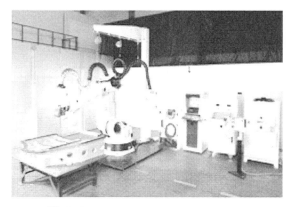

그림 5-6 Laser Heat-Treatments System

5.2.9 유동층 열처리

유동층 爐를 이용한 공구강의 소입, 침탄, 질화 등의 표면 경화를 하는 기술로서 용융염로의 장점을 살린 것이 유동층 열처리로(Fluidized Bed Furnace)이다. 열매체에는 통상 산화알루미늄(Al_2O_3)을 사용하고, 가열속도가 빠르기 때문에 상온에서 1,300°C까지의 범위로 각종 분위기 가스를 송입하며, 효율이 좋은 신속한 열처리를 특징으로 한다.

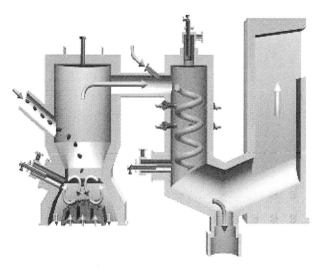

그림 5-7 Bubbling Fluidized Bed Furnace

5.2.10 Plasma 열처리

고온의 Plasma Gas를 직접 피열물에 쬐어 가열 열처리를 행하는 방식으로, 최근 이런 방법을 개량시켜 Plasma Gas로 가열하여 반용융 상태로 한 활성 금속 표면에 메탄과 질소 가스를 불어 표면 경화하는 신기술이 개발되기도 하였다. 이것에 의하면 종래 표면 경화가 불가능한 알루미늄 합금의 질화와 티타늄 합금의 침탄, 질화가 가능해졌기 때문에 차세대를 이끌 장래성 있는 새로운 열처리 방법 중의 하나라고 지목하고 싶다.

그림 5-8 Plasma Nitriding System

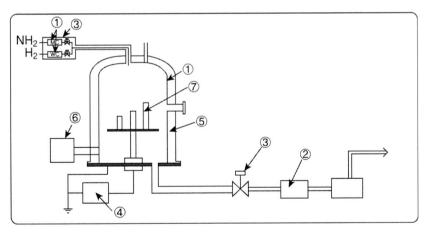

그림 5-9 Plasma Nitriding System의 구조도

① Vacuum Chamber

② Evacuation Unit

③ Gas Control Unit

④ Plasma Power Supply

⑤ External Heater

⑥ Cooling Blower

⑦ 피열물(Substrates)

⑧ Mass Flow Controller

⑨ Automatic Pressure Adjustment Valve System

5.3 각종 소재의 열처리 Process별 온도범위

재료(Materials)	열처리의 종류(Operation)	Temperature °C
Aluminium	Melting(용융)	649~760
Aluminium Alloy	Aging(시효)	121~238
Aluminium Alloy	Annealing(소둔 / 풀림)	232~413
Aluminium Alloy	Forging(단조)	343~521
Aluminium Alloy	Heating For Rolling(압연가열)	454
Aluminium Alloy	Homogenizing	454~635
Aluminium Alloy	Stress Relieving	343~649
Brass	Annealing(소둔 / 풀림)	315~538
Brass	Extruding(성형)	760~788
Brass	Forging(단조)	566~750
Brass	Rolling(압연)	788
Brass	Sintering(소결)	843~871
Brass, Red	Melting(용융)	999
Brass, Yellow	Melting(용)	999

재료(Materials)	열처리의 종류(Operation)	Temperature °C
Bronze	Sintering(소결)	760~871
Bronze, 5% Al	Melting(용융)	1,060
Bronze, Manganese	Melting(용융)	895
Bronze, Phosphor	Melting(용융)	1,049
Bronze, Tobin	Melting(용융)	885
Cadmium	Melting(용융)	321
Cement	Calcining(하소)	1,426~1,649
China, Porcelain	Bisque Firing	1,232
China, Porcelain	Decorating	760
China, Porcelain	Glazing(유약처리)	816~1,221
Clay, Refractory	Burning	1,204~1,417
Cobalt	Melting Point	1,490
Copper	Annealing(소둔 / 풀림)	427~649
Copper	Forging	982
Copper	Melting	1,149~1,260
Copper	Refining	1,149~1,426
Copper	Rolling(압연)	871
Copper	Sintering(소결)	843~899
Copper	Smelting	1,149~1,417
Cupronickel 15%	Melting(용융)	1,177
Cupronickel 30%	Melting(용융)	1,217
Enamel, Organic	Baking	121~232
Ferrites	Sintering(소결)	1,204~1,482
Frit	Sintering(소결)	1,093~1,316
Glass	Annealing(소둔 /풀림)	427~649
Glass	Melting, Pot Furnace	1,260~1,371
Glass, Bottle	Melting(용융)	1,371~1,593
Glass, Flat	Melting(용융)	1,371~1,649
Gold	Melting(용융)	1,066~1,177

재료(Materials)	열처리의 종류(Operation)	Temperature °C
Iron	Melting, Furnace	1,371~1,538
Iron	Melting, Cupola Furnace	1,427~1,538
Iron, Cast	Austenitizing	788~927
Iron, Cast	Malleabizing	899~982
Iron, Cast	Melting, Cupola Furnace	1,427~1,538
Iron, Cast	Normalizing(소준 / 불림)	871~940
Iron, Cast	Stress Reliving	427~677
Iron, Cast	Tempering	149~704
Iron, Cast	Sintering(소결)	694~772
Lead	Melting	326~399
Lead	Refining	982~1,093
Lead	Smelting	1,204
Limestone	Calcining(하소)	1,371
Magnesium	Aging(시효)	177~204
Magnesium	Annealing(소둔 / 풀림)	288~454
Magnesium	Homogenizing	371~427
Magnesium	Stress Relieving	149~649
Monel Metal	Annealing(소둔 / 풀림)	463~579
Monel Metal	Melting(용융)	1,538
Muntz Metal	Melting(용융)	904
Molybdenum	Melting Point(녹는점)	1,593
Nickel	Annealing(소둔 / 풀림)	593~804
Nickel	Melting(용융)	1,454
Nickcl	Pouring Temp.	1,566
Nickel	Sintering(소결)	1,010~1,149
Palladium	Melting(용융)	1,554
Pigment	Calcining(하소)	871
Platinum	Melting(용융)	1,830
Porcelain	Burning	1,427

재료(Materials)	열처리의 종류(Operation)	Temperature °C
Sand, Cove	Baking	232
Silicon	Melting Point	1,431
Silver	Melting(용융)	954~1,048
Sodium	Melting Point	98
Solder	Melting(용융)	204~316
Steel	Annealing(소둔 / 풀림)	677~899
Steel	Austenitizing	760~926
Steel	Calorizing	926
Steel	Carbon-Nitriding	704~899
Steel	Carburizing(침탄)	816
Steel	Case Hardening(표면경화)	871~926
Steel	Forging(단조)	926~1,177
Steel	Form-Bending	871~981
Steel	Heat Treating(열처리)	371~981
Steel	Melting-Electric Furnace	1,316~1,760
Steel	Nitriding(질화처리)	510~566
Steel	Normalizing(소준 / 불림)	899~1,038
Steel	Sintering(소결)	1,093~1,288
Steel	Tempering(소려/뜨임)	149~760
Steel	Welding(용접)	1,316~1,538
Steel, Casting	Annealing(소둔 / 풀림)	704~899
Steel, Pipes	Normalizing(소준 / 불림)	899
Steel, Sheet	Blue Annealing	760~871
Steel, Sheet	Bright Annealing(광휘소둔)	677~732
Steel, Sheet	Normalizing(소준 / 불림)	954
Steel, Spring	Annealing(소준 / 불림)	816~899
Steel Wire	Annealing(소준 / 불림)	649~760
Steel Wire	Pot Annealing	899
Steel, Alloy, Tool	Hardening(표면 경화)	774~1,177

재료(Materials)	열처리의 종류(Operation)	Temperature °C
Steel, Alloy, Tool	Pre-Heating(예열 처리)	649~816
Steel, Alloy, Tool	Tempering(소려 / 뜨임)	163~677
Steel, Carbon	Hardening(표면 경화)	737~843
Steel, Carbon	Tempering(소려 / 뜨임)	149~599
Steel, Chromium	Melting	1,594~1,677
Steel, High Carbon	Annealing(소둔 / 풀림)	760~816
Steel, Stainless	Annealing(소둔 / 풀림)	760~899
Steel, Stainless AISI 200 & 300 Series	Annealing(소둔 / 풀림)	954~1,121
Steel, Stainless AISI 400 Series	Annealing(소둔 / 풀림)	649~829
Steel, Stainless AISI 400 Series	Austenitizing	927~1,066
Steel, Stainless	Bar & Pack Heating	1,038
Steel, Stainless	Forging(단조)	899~1,260
Steel, Stainless	Nitriding(질화처리)	524~552
Steel, Stainless	Normalizing(소준 / 불림)	927~1,093
Steel, Stainless	Rolling(압연)	954~1,260
Steel, Stainless	Sintering(소결)	1,093~1,288
Steel, Stainless	Tempering(소려 / 뜨임)	149~649
Tin	Melting(용융)	260~343
Titanium	Forging(단조)	760~1,182
Tungsten, Ni-Cu	Sintering(소결)	1,343~1,593
Tungsten, Carbide	Sintering(소결)	1,427~1,482
Zinc	Melting(용융)	427~482
Zinc	Pouring Temp.	482
Zinc	Die-Casting	454

(자료발췌: North American Combution Hand Book, USA)

5.4 금속 및 합금의 Melting Point

(1) 금속(Memtal)

재료(Element)	기호(Symbol)	용융점 °C(Melting Point)
Aluminum	AL	660°C
Arsenic	As	817°C
Beryllium	Be	285°C
Boron	B	2,300°C
Calcium	Ca	810°C
Cerium	Ce	640°C
Chromium	Cr	1,900°C
Columbium	Cb	2,465°C
Gallium	Ga	30°C
Gold	Au	1,063°C
Lodine	I	114°C
Iron	Fe	1,536°C
Lead	Pb	328°C
Magnesium	Mg	651°C
Mecury	Hg	−4°C
Neodymium	Nd	840°C
Osmium	Os	2,697°C
Phosphors	P	598°C
Potassium	K	64°C
Rhodium	Rh	1,968°C
Ruthenium	Ru	2,426°C
Selenium	Se	217°C
Silver	Ag	963°C
Strontium	Sr	771°C

재료(Element)	기호(Symbol)	용융점 °C(Melting Point)
Tantalum	Ta	2,995°C
Thallium	Ti	304°C
Tin	Sn	233°C
Tungsten	W	3,445°C
Vanadium	V	1,695°C
Zinc	Zn	419°C
Antimony	Sb	635°C
Barium	Ba	718°C
Bismuth	Bi	271°C
Cadium	Cd	322°C
Carbon	C	3,700°C
Cesmium	Cs	29°C
Cobalt	Co	1,477°C
Cooper	Cu	1,086°C
Germanium	Ge	958°C
Indium	In	157°C
Iridium	Ir	2,454°C
Lanthanum	La	827°C
Lithium	Li	179°C
Manganese	Mn	1,245°C
Molybdenum	Mo	2,625°C
Nickel	Ni	1,456°C
Palladium	Pd	1,556°C
Platinum	Pt	1,779°C
Rhenium	Re	3,180°C
Rubidium	Rb	39°C
Scandium	Sc	1,200°C
Silicon	Si	1,410°C

재료(Element)	기호(Symbol)	용융점 °C(Melting Point)
Sodium	Na	98°C
Sulfur	S	119°C
Tellurium	Te	450°C
Thorium	Th	1,828°C
Titanium	Ti	1,820°C
Uranium	U	1,133°C
Yttrium	Y	1,477°C
Zirconium	Zr	2,128°C

(2) 공용 합금(Alloy)

Alloy	녹기 쉬운 온도(Eutectic Temp.) °C
Moly-Nickel	1,265°C
Moly-Titanium	1,210°C
Moly-Carbon	1,485°C
Nickel-Carbon	1,165°C
Nickel-Tantalum	1,346°C
Nickel-Titanium	945°C
Silver-Aluminium	567°C
Silver-Beryllium	881°C
Silver-Calcium	470°C
Silver-Copper	778°C
Silver-Magnesium	471°C
Aluminium-Gold	569°C
Aluminium-Beryllium	645°C
Aluminium-Copper	548°C
Aluminium-Iron	1,219°C
Aluminium-Magnesium	451°C
Aluminium-Nickel	640°C

Alloy	녹기 쉬운 온도(Eutectic Temp.) °C
Aluminium—Silicon	577°C
Aluminium—Zinc	382°C
Beryllium—Chrome	1,512°C
Beryllium—Copper	1,150°C
Beryllium—Nickel	1,164°C
CobaltChrome	1,400°C
Cobalt—Molybdenum	1,340°C
Cobalt—Tantalum	1,275°C
Cobalt—Tin	1,112°C
Cobalt—Titanium	1,134°C
Cobalt—Vanadium	1,240°C
Cobalt—Tungsten	1,480°C
Chrome—Nickel	1,340°C
Chrome—Tantalum	1,700°C
Copper—Magnesium	723°C
Copper—Platinum	891°C
Copper—Silicon	802°C
Copper—Titanium	960°C
Iron—Carbon	1,154°C
Iron—Molybdenum	1,440°C
Iron—Silicon	1,206°C
Iron—Tin	1,130°C
Iron—Tantalum	1,640°C
Iron—Titanium	1,340°C
Magnesium—Nickel	507°C
Magnesium—Silicon	920°C
Magnesium—Tin	561°C
Magnesium—Titanium	405°C

Alloy	녹기 쉬운 온도(Eutectic Temp.) $^{\circ}$C
Magnesium−Zinc	343°C
Manganese−Tin	1,235°C
Manganese−Titanium	1,172°C
Manganese−Zinc	416°C
Molybdenum−Silicon	2,070°C
Nickel−Silicon	1,264°C
Nickel−Titanium	1,110°C
Silicon−Titanium	2,090°C
Tungsten−Zinc	1,230°C

(자료 발췌: 'Critical Melting Point for Metal & Alloy' by Solar Atmosphere INC, USA)

06

분위기 가스의 종류와
제어방법

06 분위기 가스의 종류와 제어방법

침탄, 질화, 진공, Brazing, Nickellizing, Metallizing, 연료전지 열처리 및 광휘 열처리 등 광범위한 분위기 열처리에 사용되는 분위기 가스는 크게 단체가스 및 변성가스로 구분되며 그 성능 및 제법은 다음과 같다.

(1) 단체가스

종류	성질	제법	순도
질소 Nitrogen	고순도 불활성	공기(O_2-20% / N_2-80%)를 압축 액화시켜, 비점차를 이용하여 N_2를 분리	99.99% 이상
	불활성	공기를 3kg/cm^3으로 압축시켜 수분과 O_2를 제거한 뒤 탄소분자로 다시 O_2를 제거하여 얻는다.	95~99.5% 이상
수소 Hydrogen	강환원성	탄화수소가스의 수증기 재질 또는 수소분해에 의해 얻는다.	99.9% 이상
	초강 환원성	강 환원성 H_2를 함유한 미량의 O_2를 촉매를 사용하여 H_2O로 만들고 다시 활성 Alumina로 제거하여 얻는 제법	99.99% 이상
Argon	초고 순도 불활성	공기를 냉각·분리할 때 얻어진 95~98% Ar보다 O_2, N_2, H_2를 Zeolite 사용으로 제거 정재하여 얻는 제법	99.999% 이상

(2) 변성가스

종류	가스의 성질	가스 성분, 순도	용도
암모니아 분해가스	강환원성	H_2 75%(체적) N_2 25% 나머지 NH_3 10ppm 이하 노점 $-50^{\circ}C$에서 $-70^{\circ}C$	중 고탄소강 합금강의 광휘 처리, 소순 소결, 스테인레스 강의 광휘 소순 및 각종 은(Silver) 열처리
흡습형 변성가스	강환원성 강침탄성	H_2 30~38% CO 20~23% CO_2 0.1~0.5% N_2 나머지 노점 $10^{\circ}C$에서 $5^{\circ}C$	중 고탄소강의 소순, 침탄, 강의 침탄 및 각종 광휘처리
발열형 변성가스	약환원성	H_2 9.5~12.5% CO 7.5~10.5% CO_2 5~7.5% N_2 나머지 노점 $10^{\circ}C$에서 $5^{\circ}C$	저탄소 합금강의 소결 및 동합 금강의 열처리
	중성 / 불활성	H_2 1.5~2.5% CO 1.5~2.5% CO_2 9~15% N_2 나머지 노점 $15^{\circ}C$에서 $10^{\circ}C$	동 및 동합금강의 무산화 소순 및 불활성가스 이용하여 爐 내 분위기 치환 등 각종 화학 Process에 사용

(3) 주요 가스의 물질적 성분

	Oxygen (O₂)	Nitrogen (N₂)	Argon (Ar)	Helium (He)	Carbon Dioxide (Co₂)	Hydrogen (H₂)
분자의 무게 Molecular Weight	32.000	28.013	39.948	4.003	44.01	2.016
색상 Color	없음	없음	없음	없음	없음	없음
비중 Spec. Gravity	1.105	0.9669	1.395	0.138	1.53	0.0695
밀도 Density	0.08281	0.07247	0.1034	0.01034	0.1146	0.005209
끓는점 Boiling Point	−297.32	−320.45	−302.55	−452.13	−109.35	−423.0
Heat of Vaporization	91.7	85.85	70.19	8.99	246.6	191.7
위험 압력 Critical Pressure(psi)	736	429.9	710.4	33.2	1071.6	190.8

(4) 가스의 분류

- 물리적인 상태에 따른 분류: 압축가스, 액화가스, 용해가스
- 가스의 성질에 따른 분류: 가연성 가스, 조연성 가스, 불연성 가스
- 유해성 여부에 따른 분류: 독성 가스, 비독성 가스

① 물리적 상태에 따른 분류

가스란 기체상태의 물질을 말하는데 저장·취급하는 상태에 따라서 압축가스, 액화가스, 용해가스의 3가지 종류로 구분한다. 즉, 가스가 저장 또는 존재하고 있는 가스의 형상으로 분류한 것이다.

㉠ 압축가스

압축가스는 상용의 온도에서 압력이 1MPa 이상이 되는 가스가 실제로 1MPa 이

상이거나, 35℃에서의 압력이 1MPa 이상이 되는 가스로, 수소(H₂), 산소(O₂), 질소(N₂), 메탄(CH4)과 같이 비점(끓는점)이 낮기 때문에 상온에서 압축하여 액화하기 어려운 가스를 단지 상태 변화 없이 압축한 것을 말한다. 압축가스를 판매할 목적으로 용기에 충전할 때, 이들 압축가스의 압력은 약 12MPa이다.

ⓛ 액화가스

액화가스는 상용의 온도 또는 섭씨 35도의 온도에서 0.2MPa 이상이 되는 가스가 실제로 그 압력이 0.2MPa 이상이거나 0.2MPa 이상이 되는 경우의 온도가 35℃ 이하인 가스로, 프로판(C₃H₈), 염소(Cl₂), 암모니아(NH₃), 탄산가스(CO₂), 산화에틸렌(C₂H₄O) 등과 같이 상온에서 압축하면 비점(끓는점)이 다른 가스에 비해 높아 압력을 가하면 쉽게 액화되는 가스이다. 액화가스는 액화시켜 용기에 충전한 것을 말하며, 용기 내에서는 액체 상태로 저장되어 있다. 단, 액화가스 중 액화시안화수소, 액화브롬화메탄 및 액화산화에틸렌은 35℃에서의 압력이 0Pa을 초과한다.

ⓒ 용해가스

용해 가스는 15℃에서의 압력이 0Pa을 초과하는 가스로, 아세틸렌(C₂H₂)을 예로 들 수 있다. 매우 특별한 경우로서 압축하면 분해 폭발하는 성질 때문에 단독으로 압축하지 못하고, 용기에 다공물질의 고체를 충전한 다음, 아세톤과 같은 용제를 주입하여 이것에 아세틸렌을 기체상태로 압축한 것을 말한다.

※ 용기 내의 압력은 충전된 가스의 종류 온도에 따라서 다르지만, 가스의 종류나 온도가 변하지 않는다면, 용기 내부에 충전된 액량에 관계없이 일정하게 유지된다. 따라서 압축가스 및 액화가스는 가스의 고유성질에 따라서 분류한 것이 아니고 저장되어 취급되는 상태에 따라서 분류한 것이다.

② 가스의 성질에 따른 분류

　㉠ 가연성 가스

　　가연성 가스란 공기(산소)와 일정량 혼합되어 있는 경우 점화원에 의해 점화되어 연소 및 폭발이 일어나는 가스이다. 가연성 가스의 종류에는 아크릴로니트릴·아크릴알데히드·아세트알데히드·아세틸렌·암모니아·수소·황화수소·일산화탄소·이황화탄소·메탄·염화메탄·브롬화메탄·에탄·염화에탄·염화비닐·에틸렌·산화에틸렌·프로판·싸이크로프로판·프로필렌·산화프로필렌·부탄·부타디엔·부틸렌·메틸에테르·모노메틸아민·디메틸아민·트리메틸아민·에틸아민벤젠·에틸벤젠 등이 있다.

　　가연성 가스는 폭발한계(공기와 혼합된 경우 연소를 일으킬 수 있는 공기 중 가스 농도의 한계를 말함)의 하한이 10% 이하인 것과 폭발한계의 상한과 하한의 차가 20% 이상의 것을 말하며, 하한이 낮을수록 상한과 하한의 폭이 클수록 위험한 가스라고 할 수 있다.

　　가연성 가스는 산소와 같은 조연성 가스가 있어야 연소나 폭발로 이어질 수 있다. 순수한 천연가스나 LP가스는 점화원이 있어도 연소나 폭발이 일어나지 않는다. 이러한 가연성 가스가 조연성 가스와 적당히 혼합되면 연소, 폭발이 일어날 수 있는데, 이 범위를 연소범위, 연소한계, 폭발범위라고 한다. 이 범위(한계)는 공기와 가연성 가스의 혼합물 중의 가연성 가스의 부피(용량) %로 표시되며, 연소할 수 있는 가장 높은 농도범위를 상한이라 하며, 최저 농도를 하한이라 한다.

표 6-1 가연성 가스의 연소범위

가스명	연소범위(용량 %)		가스명	폭발범위(용량 %)	
	하한	상한		하한	상한
프로판	2.1	9.5	메탄	5	15
부탄	1.8	8.4	일산화탄소	12.5	74
수소	4	75	황화수소	4.3	45
아세틸렌	2.5	81	시안화수소	6	41
암모니아	15	28	산화에틸렌	3.0	80

우리가 주로 사용하는 천연가스와 액화석유가스의 주성분의 폭발범위를 보면, 메탄의 경우 5~15%, 프로판은 2.1~9.5%, 부탄은 1.8~8.4%이다. 연소범위를 보면, 메탄의 경우 하한이 다른 가스와 비교하면 높은 쪽에 속하고, 반면에 프로판과 부탄의 경우는 하한이 낮은 쪽에 속한다. 하한이 낮을 경우 가스가 조금만 누출되어도 연소나 폭발이 쉽게 일어날 수 있으며, 하한이 높을 경우 많은 양의 가스가 누출되어야 연소나 폭발이 일어날 수 있다.

다시 말해, 프로판이나 부탄의 경우는 연소범위가 낮아 연소나 폭발이 자주 일어날 수 있으나 누출량이 적어 그 피해범위가 좁다는 것을 뜻한다. 메탄은 하한이 높아 프로판이나 부탄보다 연소나 폭발은 자주 일어나지 않으나 피해범위는 크다는 것이다.

ⓒ 조연성 가스

조연성 가스는 산소, 공기 등과 같이 다른 가연성물질과 혼합되었을 때 폭발이나 연소가 일어날 수 있도록 도움을 주는 가스를 말한다.

ⓒ 불연성 가스

불연성 가스는 질소, 아르곤, 탄산가스 등이다. 그 특징을 보면 스스로 연소하지 못하며 다른 물질을 연소시키는 성질도 갖지 않는 가스, 즉 연소와 무관한 가스이다.

③ 유해성에 따른 분류
　ⓐ 독성가스

독성가스는 인체에 유해성이 있는 가스를 말하며, 법적으로 허용농도가 100만 분의 200ppm 이하인 가스를 말한다. 예로는 아크릴로니트릴·아크릴알데히드·아황산가스·암모니아·일산화탄소·이황화탄소·불소·염소·브롬화메탄·염화메탄·염화프렌·산화에틸렌·시안화수소·황화수소·모노메틸아민·디메틸아민·트리메틸아민·벤젠·포스겐 등이 있다.

6.2 소재의 열처리별 추천 분위기 가스(Powder Metallurgy)

- Recommended Atmosphere For Powder Metallurgy Applications

	Material	H₂	N₂	Disso-ciated Ammonia	Reformed Hydro-Carbon	Argon	He	Vacuum	Air
Annealing	Copper	■	■	■	■	■	■		
	Iron Carbon	■	■	■	■				
	Iron-Electrolytic	■	■	■	■				
	Steels-Low Carbon	■	■	■	■				
	Steels-Medium Carbon		■		■				
Carburizing	Iron				■				
Heat Treatment	Steel Carbon		■		■				
	Steel Copper		■		■				
Reducing Oxides	Cobalt	■	■	■					
	Iron	■	■	■					
	Molybdenum	■	■	■					
	Nickel	■	■	■					
	Steels-Carbon & Alloy		■		■				
	Steels-Stainless	■	■	■	■				
	Tungsten	■	■	■					
Sintering	Beryllium					■	■	■	
	Brass	■	■	■	■				
	Bronze	■	■	■	■				
	Carbide of Refractory	■	■			■	■	■	
	Copper	■	■	■	■				
	Iron	■	■	■	■			■	
	Iron-Copper	■	■	■	■			■	
	Aluminium	■	■	■		■	■	■	■
	Metal Ceramic Combination					■	■	■	
	Molybdenum	■	■	■		■	■		
	Nickel	■	■	■	■				
	Silver	■	■	■	■				
	Steels Carbon-Alloy		■		■			■	
	Steels-Stainless	■	■	■		■	■		
	Tantalum					■	■	■	
	Titanium					■	■	■	
	Thorium					■	■	■	
	Tungsten	■	■	■		■	■	■	
	Tungsten Alloy	■	■	■		■	■	■	
	Uranium	■				■	■	■	
	Zirconium					■	■	■	

(자료발췌: Metal Powder Industries Federation In USA)

6.3 저항가열시 각종 분위기 하에서의 최대 허용온도

| | Source | Dew Point | 발열체별 최고 사용온도 °F | | | | | |
			35 Ni 20 Cr 45 Fe	80 Ni 20 Cr	Moly	Tungsten	Silicon Carbide	Graphite
H₂	H₂O(Water) 전해가스 Purified	−80	1,800	2,050	3,400	4,500 ❖	2,100	4,000
	압축가스 Purified	−80	1,800	2,050	3,400	4,500 ❖	2,100	4,000
	Hydrocarbon 촉매가스 Dried	−100	1,800	2,050	3,200	4,500 ❖	2,100	4,000
	액화가스	−84	1,800	2,050	3,400	4,500 ❖	2,100	4,000
N₂	Bottled	−60	1,800	2,100	3,000 ❖	3,000 ✦	2,400	5,000
N₂ / H₂ Mixtures	Dissociated Dry	−51 to −	1,800	2,050	3,200	4,500 ❖	2,100	4,000
	Burned Dissociated	+70 to +90	1,800	2,150	3,000	3,000 ✦	2,350	N/R
	촉매가스 Ammonia & Air	+70 to +90	1,800	2,100	3,000	3,000 ✦	2,350	N/R
Reformed Hydro-Carbon	Exothermic Gas	+40 to +60	1,800	2,150	N/R	N/R	2,350	N/R
	Endothermic Gas	−10 to +10	1,800	2,000	N/R	N/R	2,350	N/R
Argon	Bottled	−73	1,800	2,100	3,200 ✦	4,100 ✦	2,600	5,000
Helium	Bottled	−73	1,800	2,100	3,200 ✦	4,100 ✦	2,600	5,000
Air			1,700	2,100	N/R	N/R	2,600	N/R

* NR: Not Recommended

❖: 추천하나 수명이 짧아질 수 있음

✦: O₂가 없는 상태일 경우

(자료발췌: Metal Powder Industries Federation In USA)

6.4 분위기 열처리에서의 수분의 영향

산화를 방지하는 열처리 분위기로 수소를 가장 많이 사용한다. 그 이유로는 매우 작은 산소 분압에서도 산화가 발생하기 때문이다. 예를 들어 그림 6-1을 보면 Fe, Ni, Cr이 산화가 발생할 수 있는 산소분압을 온도에 따라 보여주고 있다. 즉, 주어진 선보다 산소분압이 높으면 산화가 발생하고 그 선의 값보다 낮으면 환원이 발생한다는 것을 알 수 있다.

예를 들어 철이 600°C에서 산화가 발생하지 않으려면 약 10^{-26}Pa(10^{-20}atm) 이하의 산소 분압을 갖고 있어야 한다. 이는 가스의 순도를 높여서 얻기에는 불가능한 수준이다. 이러한 이유 때문에 수소가스를 사용하여 산화를 방지하는 것이다. 또한 산화는 온도가 낮아질수록 낮은 산소분압에서도 발생하는 것을 알 수 있다.

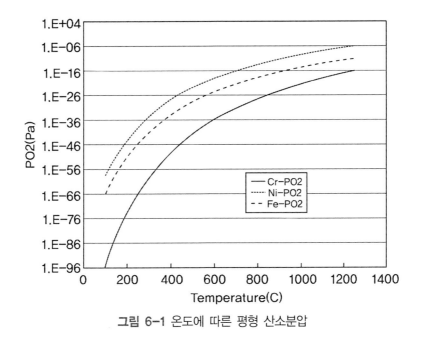

그림 6-1 온도에 따른 평형 산소분압

처리 수소가스 안에 수분이 존재하면 그에 따라 산소가 존재할 수 있게 된다. 이러한 수분 때문에 발생하는 산소의 분압이 위 그림에 나타나는 산소의 분압보다 커지면 산화가 발생하고 또한 그 산소분압보다 낮다면 그때는 환원반응이 발생한다. 따라서 수소 분위기에서 열처리를 실시할 경우에는 그림 6-1의 Y축을 산소분압이 아닌(수분/수소) 분율로 조절할 필요가 있다. 이러한 조절을 통하여 산화를 방지할 수 있는 수분의 양을 표시한 것이 그림 6-2이다.

다음 그림에서 철의 경우에는 산화를 방지할 수 있는(수분/수소) 분율이 모든 온도조건에서 10^{-3} 이하임을 알 수 있다. 즉, 철의 경우는 99.9% 순도의 수소가스만으로도 산화를 방지할 수 있다는 결론이 나온다. 하지만 순금속인 Cr이 산화가 발생하지 않기 위해서는 (수분/수소)의 분율이 10^{-7}임을 알 수 있는데, 이는 포화 수증기압으로 약 $-100^{\circ}C$에 해당된다.

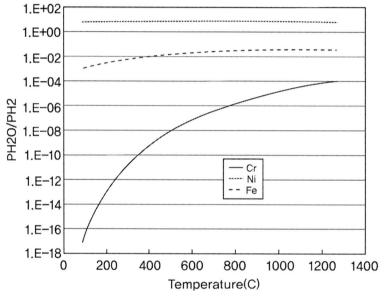

그림 6-2 금속산화에 영향을 주는(수분/수소) 분율

✎ 상기 계산은 모두 순금속을 기준으로 하여 실시한 결과이므로, 합금의 경우에는 내부의 각 금속조성에 따라 위의 계산이 변화하여야 한다.

6.5 연속 爐에서의 환원 분위기 가스의 제어방법

6.5.1 피열물의 산화

실제 환원 분위기 열처리를 하다 보면 제품(특히 스테인레스 스틸)에 녹색, 남색, 보라색 또는 연보라색 계통의 Color가 발생하는 것을 보게 된다. 이것은 소재(피열물)가 爐 내에서 분위기 가스와 충분한 환원 반응이 일어나지 않고 산화가 되었다는 뜻이다.

일반적으로 산화의 정도는 상태가 심한 경우에 녹색을 띠고 조금씩 양호할수록 남색-보라색-연보라색으로 진행된다. 보통 이러한 경우에는 작업자들이 고온구간에 수소가스의 양을 보충 공급하는 경우가 많은데 옳지 않은 방법이다.

분위기 가스로 사용되는 수소가스(H_2)는 밀도가 공기 밀도의 0.0695 정도로 대기 중에서는 가스로 존재하고 다른 물질과의 반응성이 낮다. 그러나 높은 압력과 대기의 온도에서는 유기 화합물과 폭발적으로 반응하며 보통 압력과 높은 온도에서는 산소 또는 산화물과 반응하여 환원제 역할을 하게 된다. 따라서 가열구간에서는 소량의 수소가스만으로도 환원 분위기 형성에 큰 문제가 없다.

그럼 왜 이러한 산화가 발생하는가? 산화발생 문제는 크게 3가지로 분류할 수 있다. 우선 수소의 양을 감소시키기 위하여 수소와 질소를 혼합하여 사용하는 경우, 질소 안에는 불순물인 산소가 존재한다. 그리고 이 산소가 수소와 만나서 수분을 형성하게 되며 로 내에 특히 온도가 저온인 냉각구간 내에 수분의 양이 증가하고 산화가 발생하는 것이다.

둘째는 냉각 구간에서의 수소가스의 양에 좌우되기 때문이다. 거듭 말하지만 수소가스는 고온 및 보통 압력에서는 산화물과 반응하여 환원제 역할을 한다. 따라서 고온구간에서 소량의 수소가스만으로도 완벽한 환원열처리가 된 피열물이 냉각구간으로 이동하면서, 즉 온도가 저온으로 떨어지면서 다시 산화가 발생하기 때문이다.

마지막으로 Dew-Point(노점)의 온도이다. 노점이란 수증기의 양에 의해서 결정되므로 가스 속에 있는 수증기의 양을 나타내는 기준이 되며 이는 제품 산화와 밀접한 관계를 갖는다(참고로 '제6장 6절 포화증기압' 자료를 검토하기 바란다). 따라서 제품의 산화발생 시에는 상기 3가지 사항을 점검한 후에 사용가스의 구간별 양 조절 및 노점온도의 확인 조절을 하는 것이 바람직하다.

※ 이슬점 분석은 제품의 산화상태뿐만이 아니라 爐 내(Muffle 내)의 냉각수 누수 및 물기 흡입 여부 등을 조기에 판단하여 신속한 조치를 취함으로써 로의 수명을 연장시킬 수 있다는 장점이 있으므로 가능하다면 환원 분위기 연속식 爐의 제작 또는 구입 시 Dew-Point Analyzer를 설치하는 것이 바람직하다.

6.5.2 Ventilation Port(가스배기구) 조절

가급적이면 환원 분위기로는 예열, 가열구간 및 냉각구간별로 가스배기구를 설치하고 배기구 출구에 미압 센서가 부착된 Throttle Valve를 설치한 후에 점화장치(Ignitor)를 최종 설치하는 것이 바람직하다. 즉, 사전에 설정된 가스의 압력에 따라 배기구가 자동 배출되는 장치로서 이러한 방법은 수소가스가 대기 중의 고압에서 유기화합물과 폭발적으로 반응하는 것을 방지하여줄 수 있으며, 아울러 수소가스의 사용량을 최소화시킬 수 있다는 장점이 있기 때문이다. 특히 Humpback Furnace는 爐의 가열부 및 냉각부 경사각 아래로 Pack Gas 층이 형성되기 때문에 가스배기구의 조절이 이루어지지 않을 경우 Pack Gas 층이 방폭구 또는 로 입출구로 밀려나와 대형사고를 일으킬 수 있기 때문이다.

6.5.3 Conveyor Belt Furnace에서의 수소가스 사용 시 주의할 점

분위기로 특히, 환원 爐에 사용되는 수소가스(H_2 Gas)는 무색, 무취하며 밀도가 공기 밀도의 0.069 정도로 대기 중에서는 가스로 존재하고 다른 물질과의 반응성이 낮다. 그러나 높은 압력과 대기의 온도에서는 유기 화합물과 폭발적으로 반응하며 보통 압력과 높은 온도에서는 산소 또는 산화물과 반응하여 환원제 역할을 하게 되므로 일반적으로 금속의 열처리 시 환원제 역할로 수소가스를 사용한다. 또한 공기와 수소의 혼합물이 약 4~74%(수소의 양) 정도 공기 중에 존재할 때 연소되며 수소의 양이 18~59%일 때 폭발한다. 이처럼 수소가스 사용에는 폭발 위험성이 따르기 때문에 연속식 爐에서의 수소 사용에 따른 주의점을 다음과 같이 살펴보기로 한다.

보편적으로 Straight형 연속로는 기본적인 爐 내 분위기 장치 구성이 질소 및 Argon,

헬륨 (He) 등 불활성 가스를 주로 사용할 수 있도록 되어 있다. 그 이유로는 爐 입출구가 개방되어 있어 아무리 질소가스 커튼(Curtain)을 입출구에 장착하고 배기 Port(Ventilation Port)를 로 상부에 설치한다 하더라도 爐 내에 일정한 압력이 생기고 유입된 가스의 양보다 유출되는 Gas의 양에 변화가 있을 경우 爐 내의 가스가 외부로 유출될 수 있다는 단점이 있기 때문이다. 그런 이유로 환원열처리를 목적으로 하는 수소가스용 연속 爐는 그 형태를 Humpback형으로 하는 경우가 많다.

이러한 형식의 분위기 爐는 입출구를 爐의 가열구간보다 낮게 설계하여 비중이 0.069 정도인 수소가스가 爐 입출구로 유출되는 것을 방지하였으며, 아울러 소량의 수소가스만으로도 고온 및 수 냉각 구간에서 충분한 환원제의 역할을 할 수 있도록 설계되었다는 장점이 있다. 하지만 본 형식의 로는 제품의 이송 시 경사면을 흘러야 하는 단점이 있어 특수 지그(Zig) 또는 특수 재료의 피열물의 환원 분위기 열처리로로 주로 이용되고 있다.

현재 국내에는 수소가스 분위기용 연속식 爐(Straight Type)를 보유하고 있는 업체가 상당히 많이 있다. 특히 이러한 종류의 연속 爐들은 주로 미국(LINDBERG / BTU / CM Furnace / CAN ENG) 및 일본에서 수입한 장비로 전자세라믹 제조업체에서 주로 사용하고 있다. 예를 들어 국내의 전자세라믹 제조업체에서 Soldering용으로 사용하던 미국 BTU 社에서 제작한 Straight Type Conveyor Belt Furnace(수소가스 분위기용)의 사용 중 발생하였던 문제점을 알아보기로 하자.

(1) 사고현황: 장비의 가동 중 갑자기 굉음과 함께 로 입구에서 불길이 솟구침

(2) 장비현황
- Straight형 Conveyor Furnace
- Inconel 601 Muffle(Retort) 설치됨
- 입 출구: N_2 커튼 설치 및 Silicon Rubber 차단막 설치됨
- 로 예열구간 및 고온과 냉각구간 사이에 Production 가스 배기구 설치
- N_2 및 H_2 Gas는 별도의 독립된 Regulator(압력 조절기) 없이 1차 가스탱크에서 압력을 조절하여 유량계를 통해 Muffle로 유입됨

(3) 사고 시 분위기 현황

사용가스		입구 N₂ 커튼	가열부 Main Muffle	냉각부 Cooling	출구 N₂ 커튼
N₂	유량 L/min	100	20	20	100
	압력 kg/cm³	2	2	2	2
H₂	유량 L/min		50	30	
	압력 kg/cm³		2	2	

상기 조건들을 종합하여 볼 때 사고원인 및 대책, 그리고 향후 가스의 취급 처리 및 유량 절감 등을 다음과 같이 정리할 수 있다.

① 사고 원인

우선 사고의 원인으로는 두 가지 경우를 살펴볼 수 있다. 첫째, 상기 爐의 장치 설정을 보면, 爐 각 부위별 분위기 투입이 단지 1차 가스 Tank에서 보내지는 압력만으로 제어된다는 데 가장 큰 원인으로 볼 수 있다. 만일 1차 가스 Tank에 설치된 H_2 Regulator가 오작동될 때에는 순간적으로 고압의 수소가 爐 내 Muffle로 유입되면서 Muffle 내의 기류가 역류됨과 동시에 다량의 수소가 굉음과 함께 Muffle 입구 또는 출구로(기류의 흐름에 따라 좌우됨) 방출될 수 있다.

둘째로는 Main Regulator의 질소 및 수소가스의 압력 비율 선정을 잘못할 경우이다. 즉, 일반적으로 입 출구 측의 질소 커튼은 외부 공기의 유입을 차단함과 동시에 내부의 수소가스가 로의 입출구로 유출되지 않도록 하는 중요한 역할을 한다. 따라서 이 부분의 가스압력은 Muffle 내의 압력보다 항상 높게 설정되어 있어야 한다. 하지만 상기 爐의 분위기 조건으로 살펴볼 때 입출구의 N_2 Gas 압력이나 Muffle 내의 H_2 Gas 압력이 같은 조건으로 설정되어 있다. 이 경우 비중이 질소보다 무척 가벼운 H_2 Gas는 분위기 유입시간이 지남에 따라 차츰 Muffle의 입구 또는 출구까지 잠입할 수가 있다. 이 과정에서 만일 배기구에 이상이 생길 경우(예를 들어, 배기구가 이물질 또는 비산먼지로 막혔을 경우) 그 피해는 심각하다고 할 수 있다. 고로, 폭발성 가스인 수소 분위기가 爐 입출구로 누출되지 않기 위해서는 N_2 커튼으로 유입되는 질소가스의 압력을 약 $1kg/cm^3$ 정도 사용 수소가스의 압력보다 높게 설정하여 주어야 한다.

② 대안책

환원용 가스 사용에 있어서 가스압력은 상당히 중요하므로 단지 1차 가스탱크에서 설정된 압력을 Muffle로 바로 보내는 것은 상당히 위험한 방법이다. 따라서 가급적이면 가스 Line 별로 별도의 압력 조절계가 장착되어야 한다. 즉, 입출구의 N_2 커튼 및 가열부 냉각부에 유입되는 Gas Line별로 별도의 압력게이지 및 조절기 그리고 유량계를 설치하여야만 안전하게, 그리고 가스량을 절감하면서 爐를 가동시킬 수가 있다.

③ 취급처리

일반적으로 고압의 수소가스가 순간적으로 爐 내에 유입될 경우 대류의 흐름이 역류되고 이때 다량의 수소가 굉음과 함께 로 입구 및 출구로 방출되고 이 경우 불길이 솟구쳐 나올 수가 있다. 이때의 대비책은 수소 Gas Valve를 빨리 잠그고 Muffle 상부에 있는 각종 배기구를 활짝 연후 질소의 양을 최대한으로 틀어주어서 爐 내 수소 분위기를 제거하여야 한다. 만일 불을 끄고자 소화기를 사용할 경우 다량의 소화액이 爐 내화재에 스며들어 로의 주요 부품이 손상되는 악영향을 줄 수 있기 때문이다.

④ 참조

일반적으로 환원 분위기 하에서의 열처리를 필요로 하는 피열물들은 가열구간의 가스유량보다는 냉각구간의 가스유량이 제품의 환원에 더 중요하다는 것을 인지하기 바란다. 즉, 수소(H_2) Gas의 용도는 저온에서는 용가재의 활동성을 갖게 하고 고온에서는 젖음성과 환원성을 갖게 하는 특징이 있다. 따라서 냉각부에서 또는 냉각 시 수소의 양이 부족하게 되면 Coloring 현상(산화: 모재 / 피열물의 외피에 다양한 색상이 발생)이 발생하므로 분위기 연속식 爐 가동 시에는 고온부보다는 냉각부의 가스유량 설정에 주의하여야 한다.

6.6 온도에 따른 포화 수증기압

온도가 감소하면 기체 내의 수분의 포화수증기압은 감소한다. 예로 수소를 1기압으로 -50도의 포화 수증기압 상태로 사용한다는 것은 1기압 중에 약 10^{-5}atm$(10^{-2}$torr$)$의 수분이 포함되었다는 것이며, 수소의 순도가 99.999% 이상이란 것을 뜻한다.

실제로 순도가 99.999%(일명 5 나인)인 수소는 값이 비싸고 암모니아가스(NH_3)를 분해 사용해서는 이러한 순도를 얻을 수가 없다. 따라서 현장에서는 저렴한 유지보수비를 갖기 위해 100%의 수소가스 사용보다는 Carrier 로 질소가스와 혼합하여 사용하는데, 이 경우에는 질소 안에 불순물인 산소가 존재하고 이러한 산소가 수소와 만나서 수분을 형성하게 되며 爐 내에 수분의 양을 증가시키고 결국에는 산화 발생을 일으키는 원인이 되는 것이다. 하기 자료들은 분위기 가스 사용 및 진공에 있어서 중요한 자료들로 분위기 및 진공 열처리 시 많은 도움이 될 것이다.

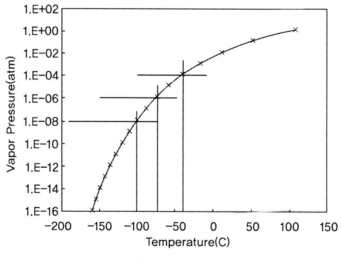

그림 6-3 온도에 따른 포화 수증기압의 변화

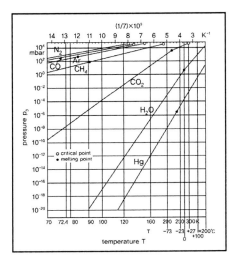

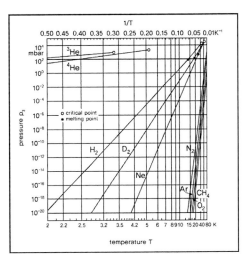

그림 6-4 가스별 포화증기압 곡선   그림 6-5 끓는점이 낮은 가스들의 포화증기압 곡선

(1) 재료(금속소재)별 포화증기압

Vapor Pressure, 즉 포화증기압은 물질의 온도와 종류에 따라 결정되어지며 같은 온도에서는 끓는점이 낮은 물질이 커지며, 같은 물질에서는 온도가 높을수록 커진다. 이는 곧 소재의 Boiling Point(끓는점)와 관련이 있으며 진공 분위기와도 상관관계를 갖게 되는 중요한 내용이다. 다음 자료는 각 금속소재별 포화증기압을 나타낸 것이다.

– Temperature($^{\circ}$C) / Vapor Pressure(torr)

Element	10^{-3}	10^{-2}	10^{-1}	1.0	101	102	760
Aluminium	889	996	1,123	1,279	1,487	1,749	2,327
Beryllium	1,029	1,212	1,367	1,567	1,787	2,097	2,507
Boron	1,239	1,355	1,489	1,648	2,030	2,460	2,527
Cadmium	220	264	321	394	484	611	765
Calcium	528	605	700	817	983	1,207	1,482
Carbon	2,471	2,681	2,926	3,214	3,946	4,373	4,522
Chromium	1,090	1,205	1,342	1,504	–	–	2,222
Cobalt	1,494	1,649	1,833	2,056	2,380	2,720	3,097
Copper	1,141	1,273	1,432	1,628	1,879	2,207	2,595

Element	10^{-3}	10^{-2}	10^{-1}	1.0	101	102	760
Gallium	965	1093	1248	1443	1541	1784	2427
Germanium	1112	1252	1421	1635	1880	2210	2707
Gold	1316	1465	1646	1867	2154	2521	2966
Iron	1310	1447	1602	1783	2039	2360	2727
Lead	675	718	832	975	1167	1417	1737
Magnesium	383	443	515	605	702	909	1126
Manganese	878	980	1103	1251	1505	1792	2097
Mercury	18	48	82	126	184	261	361
Molybdenum	2295	2533	2880	3102	3535	4109	4804
Neodymium	1192	1342	1537	1775	2095	2530	3090
Nickel	1371	1510	1697	1884	2007	2364	2835
Palladium	1405	1566	1759	2000	2280	2780	3167
Phosphorus	160	190	225	265	310	370	431
Platinum	1904	2090	2313	2582	3146	3714	3827
Potassium	161	207	265	338	443	581	779
Rhenium	2790	3060	3400	3810	–	–	5630
Rhodium	1971	2149	2358	2607	2880	3392	3877
Selenium	200	235	280	350	430	550	685
Silicon	1223	1343	1585	1670	1888	2083	2477
Silver	936	1047	1184	1353	1575	1865	2212
Sodium	283	291	356	437	548	696	914
Sulfur	66	97	135	183	246	333	444
Tantalum	2820	3074	3370	3740	–	–	6027
Tin	1042	1189	1373	1609	1703	1968	2727
Titanium	1384	1546	1742	1965	2180	2480	3127
Uranium	1730	1898	2098	2338	–	–	3527
Vanadium	1725	1888	2079	2207	2570	2950	3527
Zinc	292	343	405	487	593	736	907
Zirconium	1816	2001	2212	2459	3577	–	–

(자료발췌: Thermal Process Data Published By Industrial Heating In USA)

참고자료

– 산업용가스의 환산표(conversions for industrial gases)

Oxygen	POUNDS	KG	SCF	LITER
1 LITER LIQUID	2.157	1.1416	30.14	1.0
1 SCF GAS	0.08279	0.03755	1.0	0.03289
1 KG	2.205	1.0	26.632	0.8762
1 POUND	1.0	0.4536	12.078	0.3975
NITROGEN				
1 LITER LIQUID	1.782	0.8083	24.60	1.0
1 SCF GAS	0.07245	0.03286	1.0	0.04065
1 KG	2.205	1.0	30.42	1.2349
1 POUND	1.0	0.4536	13.803	0.5606
ARGON				
1 LITER LIQUID	3.072	1.3936	29.71	1.0
1 SCF GAS	0.1034	0.0469	1.0	0.03366
1 KG	2.205	1.0	21.32	0.7176
1 POUND	1.0	0.4536	9.671	0.3255

– 유량 단위 환산표(conversion of mass flow rate unit)

UNIT	mbar.l/sec	kg/hr(air 20°C)	kg/hr(air 0°C)	cm³/hr(NTP)	cm³/sec(NPT)
mbar.l/sec	1	4.29×10^{-3}	4.61×10^{-3}	3.56	0.95
kg/hr (air 20°C)	233	1	1.073	8.29×10^{5}	230
kg/hr (air 0°C)	217	0.933	1	7.75×10^{5}	215
cm³/hr (NTP)	2.81×10^{-4}	1.21×10^{-6}	1.29×10^{-6}	1	2.78×10^{-4}
cm3/sec (NPT)	1.05	4.33×10^{-3}	4.64×10^{-3}	3,600	1

07

전기로 가동에 필요한
열적 지식

07 전기로 가동에 필요한 열적 지식

　연속식 전기로의 가동에서 피열물의 열처리 조건은 전기로의 내부 열평형과 밀접한 관계를 가지고 있으며, 이러한 조건은 피열물의 수율을 결정하는 중요한 요소이기도 하다.

　전기로 내부의 적절한 열평형(Heat Balance) 조건을 산정하기 위해서는 우선 피열물(Process Material)의 열전도율 및 비열(Specific Heat), 그리고 처리 중량(Load Weight)에 따른 열량 계산 및 내화물 벽을 통해 손실되는 방산열, 내화물과 내화물 사이의 틈새 및 입출구로 손실되는 Radiation Losses, Conveyor Belt 또는 Roller 및 대판(Pusher Plate) 등 구동 Material로 손실되는 치구열, 배기구(Ventilation)로 손실되는 열 등의 모든 손실열의 조건을 합산하고, 내화물의 종류 및 두께에 따른 축열(Heat Storage)의 값을 가감 산정하여, 총 전력소요량(Gross Heat Input)을 산출·설계하여야 한다.

　이렇게 선정된 전기로 내부의 열평형 조건은 전기로 가동 시 최적의 열효율을 갖추어 조업을 할 수 있도록 할 뿐만 아니라 피열물의 수율을 향상시키는 원천이 되기도 한다. 따라서 이번 장에서는 전기로 가동에 필요한 내용 중 열평형(Heat Equilibrium 또는 Heat Balance) 및 전열해석에 매우 중요한 열전도와 관련한 세 개의 상수, 즉 열전도율, 비열 및 열 확산율에 대해 간략하게 알아보기로 한다.

● 열전도율(Thermal Conductivity)

열전도율이란 한 마디로, 물체 내부의 등온면의 단위 면적을 통과하여 단위 시간에 수직으로 흐르는 열량과 이 방향에서 온도 기울기의 비, 즉 열이 전해지는 정도를 나타낸 것으로서 두께 1m인 판의 양면에 1K의 온도 차가 있을 때 그 판의 $1m^2$를 통해서 1초 동안에 흐르는 열량을 줄(joule)로 측정한 값으로 표시한다. 단위는 Watts/m·K 또는 g cal·cm/sec·cm^2·°C로 표시하기도 한다.

열전도율은 다른 말로 열전도도라고도 하며, 온도나 압력에 따라 달라진다. 일반적으로, 열은 물체 내의 분자나 원자의 운동으로 인해 물체 내에 생기는 에너지라 정의되고 있으며, 열의 특성은 고열원에서 저열원으로 이동하는데, 이런 현상을 열이동 또는 전열이라 한다.

열전도는 본질적으로 열에너지의 확산이며 열복사는 전자파에 의한 열에너지의 이동이다. 그러나 거시적 관점에서의 열이동은 열전도, 열전달, 상변화를 수반하는 열이동, 열복사의 형태로 나눌 수 있다. 그렇지만 각각의 형태는 단독으로 이루어지는 것이 아니라 두 개 또는 모두가 복합적인 형태의 열이동이 이루어진다고 볼 수 있다.

다음 자료는 상온에서의 금속 및 요업물질의 열전도율 값을 나타낸 것으로 전기로 가동에 도움이 될 것이다.

(1) 각종 소재의 열전도율 값

① 금속(Metals)

소재	열전도율 값	
	$\dfrac{\text{g cal} \cdot \text{cm}}{\text{sec} \cdot \text{cm}^2 \cdot °C}$	$\dfrac{\text{watts}}{\text{m} \cdot °K}$
Aluminium(99.9 +)	0.5258	220
Aluminium Alloys	0.3824	160
Brass(70 Cu − 30 Zn)	0.2868	120
Bronze(95 Cu − 5 Sn)	0.1912	80
Cooper(99.9 +)	0.9560	400
Iron(99.9 +)	0.1721	72
Lead(99.9 +)	0.0789	33
Magnesium(99 +)	0.3824	160
Monel (70 Ni − 30 Cu)	0.0598	25
Nickel	0.1397	58.32
Silver(Sterling)	0.9799	410
Steel(1,020)	0.1195	50
Steel(1,040)	0.1147	48
Steel(1,080)	0.1099	46
Steel(18 Cr − 8 Ni SS)	0.0359	15
Tungsten	0.3795	158.4
Zinc	0.2694	112.5

② Ceramics

소재		열전도율 값	
		$\dfrac{\text{g cal} \cdot \text{cm}}{\text{sec} \cdot \text{cm}^2 \cdot \text{°C}}$	$\dfrac{\text{watts}}{\text{m} \cdot {}^0\text{K}}$
Al_2O_3		0.069310	29
Brick	Building	0.001434	0.6
	Fire-clay	0.001912	0.8
	Silica	0.001912	0.8
Concrete		0.002390	1
Glass	Plate	0.001793	0.75
	Borosilicate	0.002390	1
	Silica	0.002868	1.2
	Vycor	0.002868	1.2
	Wool	0.000598	0.25
Mullite		0.0140	5.866
Quartz(SiO₂)		0.0287	12
TiC		0.0717	30
ZrO₂		0.0047	1.9693

위의 각종 소재의 열전도율 값에서 볼 수 있듯이 금속이 Ceramic 소재보다 열전도율이 뛰어나며, 단열재료로서의 Al_2O_3 Brick의 종류별 열전도율 값은 현저히 낮다는 것을 보여준다. 그래서 전기로의 내화물로서 열이동을 억제할 목적으로 세라믹 혼합재료를 단열 재료로서 사용하는 이유이기도 하다. 실제로 단열재는 열전도율이 낮을수록 단열 성능이 좋은 것이라 할 수 있으며 위의 자료에서도 볼 수 있듯이, 보통 열전도율 0.05 Kcal/m·h·°C 내외의 값을 갖는다.

단열 내화물의 예로, 내화물 내부에는 수많은 기포층이 형성되어 있는 것을 알 수 있다. 이것은 쉽게 말하여 공기의 열전도율을 이용한 것이라 할 수 있다. 잘 알고 있듯이 공기(Air)의 열전도율은 0.019이다. 이와 같이 공기의 열전도율이 작으므로, 단열재료 내부의 기포층

함유에 따라 열전도율에 차이가 있음을 알 수 있다. 두께가 같을 경우 기포층을 함유한 경량 재료가 단열에 효과적이며, 이처럼 열의 이동에 대하여 열전도율의 값의 차이가 큰 것을 알 수 있다.

다음 그림은 각종 요업재료의 열 특성(Thermal Properties)을 나타낸 것으로 열전도율 및 온도에 따른 소재의 특성을 쉽게 이해할 수 있을 것이다.

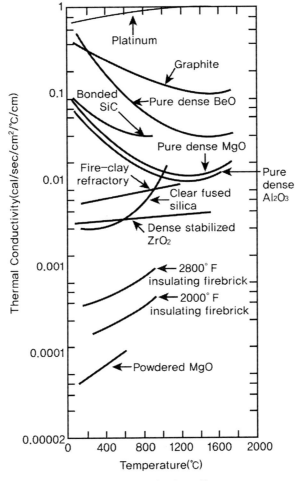

그림 7-1 각종 CERAMIC 물질의 열 특성(Thermal Properties)

③ 비열(Specific Heat)

비열(Specific Heat)이란, 물질의 단위질량의 온도를 1℃ 올리는 데 필요한 열량을 말하며 실제로 모든 물질의 비열, 즉 주어진 열에 대한 반응은 서로 다르다. 1kg의 물에 1cal의 열을 가하면 물의 온도는 1도 올라갈 것이다. 그렇지만 같은 양의 열을 1kg의 메틸알코올에 가하면 온도 증가는 약 1.7도가 된다. 또한 1cal의 열을 1kg의 Al(알루미늄)에 가하면, 이 금속의 온도는 약 5도 정도 증가한다. 이렇듯 일반적으로 물질의 비열은 온도에 따라 어느 정도 달라진다. 그러나 실온 부근에서는 물질의 비열이 거의 일정하다고 볼 수 있다.

비열을 구하는 관계식을 살펴보자. 우선 고온의 물체와 저온의 물체를 접촉시키면 온도 변화 과정을 거쳐서 열평형 상태에 도달한다. 이때 고온의 물체가 잃은 열량은 저온의 물체가 얻은 열량과 같으므로 다음과 같은 관계가 성립하며, 이것을 이용하여 비열 값을 구할 수 있다.

$$m_x \cdot C_x \cdot \varDelta t_x = m_w \cdot C_w \cdot \varDelta t_w$$

예를 들어 어떠한 물체의 비열(Specific Heat) 값을 구하려면 우선 질량 m_x, 비열 c_x, 온도 T_x인 물체를 질량 m_w, 비열 c_w, 온도 T_w의 물과 열 접촉을 시키셔 열평형이 이루기를 기다린 후, 이 물체와 물을 합친 계가 외부와 격리되었다면 에너지 보존법칙에 의하여

$$m_w c_w (T - T_w) = m_x c_x (T_x - T)$$

값을 구할 수 있고, 이 식을 다시 정리하면,

$$비열 \ c_x = \frac{물의 \ 질량(m_w) \cdot 물의 \ 비열(c_w) \cdot 물의 \ 온도차(T - T_w)}{물체의 \ 질량(m_x) \cdot 물체의 \ 온도차(T - T_w)}$$

물질의 모든 비열의 단위는 같지만 압력솥 안과 같이 용적 변화가 없는 상태에서의 비열은 정용비열, 뚜껑이 없이 개방상태에서의 비열은 정압비열이 되며 실제 환산에서는 정용비열,

정압비열과의 환산이 된다.

SI 단위로는 물의 비열이 4186J/kg·°C이며, 다음 표에서와 같이 물질의 다수는 고체 또는 액체이든 각자의 비열 값이 산정되어 있다.

(2) 각종 물질(Materials)의 비열 값

소재(Materials)	고체 비열 (solid Specific Heat) kcal/kg·°C	액체 비열 (Liquid Specific Heat) kcal/kg·°C
아세톤(Acetone)	·	0.530
공기(Air)	·	0.237
알코올(Alcohol)	0.232	0.648
알루미나(Alumina)	0.197	·
알루미늄(Aluminium)	0.248	0.252
안티몬(Antimony)	0.054	0.054
아스팔트(Asphalt)	0.55	0.55
벤젠(Benzene - Benzol)	0.299	0.423
베릴리움(Beryllium)	0.50	0.425
비스무스(Bismuth)	0.033	0.035
황동(Brass) - 67Cu 33Zn	0.105	0.123
- 85Cu 15Zn	0.104	0.116
- 90Cu 10Zn	0.104	0.115
청동(Bronze) - 90Cu 10Al	0.126	0.125
- 90Cu 10Sn	0.107	0.106
- 80Cu 10Zn 10Sn	0.095	0.109
벽돌(Brick) - Fireclay	0.240	·
- Red	0.230	·
- Silica	0.260	·
캐드뮴(Cadmium)	0.038	0.074
칼슘(Calcium)	0.170	
카본(Carbon) - Amorphous	0.241	·

소재(Materials)	고체 비열 (solid Specific Heat) kcal/kg·℃	액체 비열 (Liquid Specific Heat) kcal/kg·℃
– Disulfide	·	0.24
– Graphite	0.184	·
시멘트(Cement)	0.20	·
크로닌(Chlorine)	0.19	·
크로마이트(Chromite)	0.22	·
진흙(Clay – Dry)	0.224	·
석탄(Coal)	0.31	·
콜타르(Coal Tar)	0.413	·
코발트(Cobalt)	0.145	·
콘크리트(Concrete)	0.27	·
구리, 동(Copper)	0.104	0.111
코르크(Cork)	0.48	·
강옥(Corundum)	0.304	·
목화(Cotton)	0.32	·
백운석(Dolomite)	0.222	·
경화고무(Ebonite)	0.35	·
연료오일(Fuel Oil)		0.45
가솔린(Gasoline)		0.514
유리(Glass) – Crown	0.16	·
– Flint	0.13	·
– Pyrex	0.20	·
– Window(Soda Lime)	0.19	·
그라스 울(Glass Wool)	0.16	·
철(Iron)	0.1162	·
납(Lead)	0.032	·
산화 납(Lead Oxide)	0.049	·
마그네슘(Magnesium)	0.272	0.266
산화마그네슘(Magnesium Oxide)	0.23~0.30	·

소재(Materials)	고체 비열 (solid Specific Heat) kcal/kg·°C	액체 비열 (Liquid Specific Heat) kcal/kg·°C
망간(Manganese)	0.171	0.192
몰리브덴(Molybdenum)	0.065	·
모넬(Monel)	0.129	0.139
나프타린(Napthalene)	0.325	0.427
니켈(Nickel)	0.134	0.124
니크롬(Nichrome)	·	0.111
나일론(Nylon)	0.55	·
산소(Oxygen)	0.336	0.394
파라핀(Paraffin)	0.622	0.712
형광체(Phosphorus)	0.189	·
백금(Platinum)	0.036	0.032
자기(Porcelain)	0.026	·
석영(Quartz)	0.23	·
로듐(Rhodium)	0.058	·
고무(Rubber)	0.48	·
모래(Sand)	0.20	·
실리카(Silica)	·	0.1910
실리콘(Silicon)	0.176	·
탄화규소(Silicon Carbide)	0.23	·
은(Silver)	0.063	0.070
Steel(0.3 % C)	0.166	·
티타늄(Titanium)	0.14	·
텅스텐(Tungsten)	0.034	·
우라늄(Uranium)	0.028	·
물(Water)	0.480	1.00
아연(Zinc)	0.107	0.146
지르코늄(Zirconium)	0.067	·

(3) 각종 금속의 열적 성질

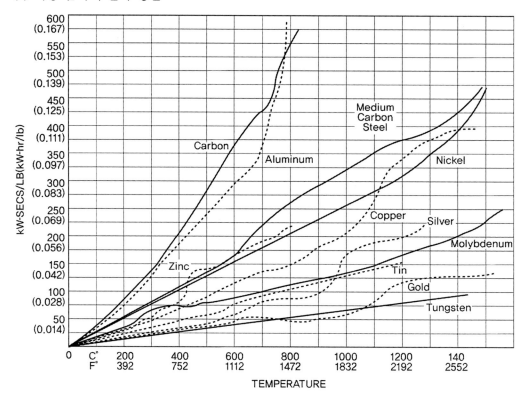

① 열확산율(Thermal Diffusivity)

열확산율(Thermal Diffusivity)이란 열용량에 대한 열전도율의 비율을 뜻하며, 쉽게 물체가 열을 전달하는 정도 및 불균일한 온도로부터 평형상태에 접근하는 속도를 말한다. 열확산율(Δ)는 열전도도 K를 정압하의 비열(Cp)과 밀도(q)로 값으로 나눈 것을 나타내며, 여기서 열 확산율(Δ)의 단위는 cm^2/sec이고 열전도도 K는 $cal/cm \cdot sec \cdot {}^\circ C$, 그리고 밀도는 g/cm^2, 정압하의 비열(Cp)은 $cal/g \cdot {}^\circ C$로 쓰인다.

$$\Delta = \frac{K}{Cp \cdot q}$$

② **열평형(Heat Equilibrium, Heat Balance)**

열평형(Heat Balance)이란 물체와 물체 간 또는 물체 각각의 부분에 열적 평형을 이룬 상태를 말하는데, 열이 전도되고 난 후에 특별한 변화가 일어나는 것이 아니고 단지 두 물체의 온도가 서로 같아지는 현상을 말하는 것으로 온도가 높은 쪽에서 낮은 쪽으로 열을 얼마나 빨리 전도시키는가 하는 것이다. 따라서 열전도율과 열평형과의 관계는 비례관계라 볼 수 있으며 열역학의 기본 출발점인 열역학 0 법칙(The Zeroth Law Of Thermodynamics)을 뜻하기도 하다.

다시 말해, 열평형이란 물질 사이에 오고가는 열에너지의 양이 같아서 평형을 이룬 상태를 뜻하며, 열이 한쪽으로 이동하거나 물질의 상태가 변하지 않는 상태를 뜻한다. 열역학적으로는 엔트로피가 극대인 상태이며, 통계역학적으로는 분자의 평균 운동에너지가 같은 상태라고 보면 적당할 것이다.

실제로 온도의 개념은 열평형으로부터 성립한다고 볼 수 있으며, 열평형의 조건으로 같은 온도를 들 수 있다. 물체의 온도를 온도계로 측정하는 것은 물체와 온도계 사이에 열평형을 이용하는 것으로, 열평형 상태 중에는 기체의 과포화나 액체의 과냉각과 같이 외부의 작은 자극에 의해서도 그 평형이 깨지는 불안정한 상태도 있다.

다음으로, 저항가열로(전기로) 내의 열평형 조건을 얻기 위해서 필요한 열의 이동에 대하여 알아보기로 하자. 우리가 잘 알고 있듯이 열은 온도차가 있을 때 높은 곳에서 낮은 곳으로 이동하며, 열이 이동하는 방법에는 **전도, 대류, 복사**가 있다.

열의 전도란 이미 앞에서 설명하였듯이, 두 물체가 접촉되어 있을 때 온도가 높은 물체의 분자는 큰 운동에너지를 갖고 있으므로 빠른 속도로 운동하여 온도가 낮은 물체의 분자에 충돌하고, 이렇게 충돌하면서 고온 물체의 에너지가 저온 물체로 이동하는 현상을 말한다.

예를 들어 본 서 204-205Page에 기술한 각종 소재의 열전도율에서 확인할 수 있듯이 금속은 자유전자가 많고 이들이 열전도를 도우므로 열전도율이 크고, 기체는 액체나 고체에 비해 분자 또는 자유전자에 의한 충돌이 적어 열전도율이 작다. 그래서 일반적으로, 열전도율의 순서는 금속(고체) > 액체 > 기체, 비열의 순서는 기체 > 액체 > 금속(고체) 순으로 값이 정해지는 것을 알 수 있다.

열의 대류란 액체나 기체 상태에 있는 분자들은 열을 받으면 운동이 활발해져서 부피가

팽창하고 밀도도 작아지게 된다. 그러면서 상대적으로 가벼워지므로 위로 올라가고 저온 부분은 밀도가 커져서 아래로 내려온다. 따라서 기체나 액체 내에서는 분자들의 집단적인 순환적인 흐름에 의해서 열이 이동되며, 이러한 현상을 열대류라고 한다.

열의 복사란 한 마디로 열이 매질을 통하지 않고 고온의 물체에서 저온의 물체로 빛의 형태로써 이동하는 것을 말한다. 이러한 열의 이동, 즉 열이 전도 및 대류 그리고 복사하는 것은 저항가열로(전기로)의 기본 원리이며 저항가열로 내의 열평형 상태를 형성하기 위한 중요한 요소 중의 하나라고 볼 수 있다.

(4) 열평형 조건을 형성하기 위한 전기로의 필요열량 산출 방법

우선 전기로(연속식 로)의 열이동(흐름)을 그림을 통해서 알아보기로 하자.

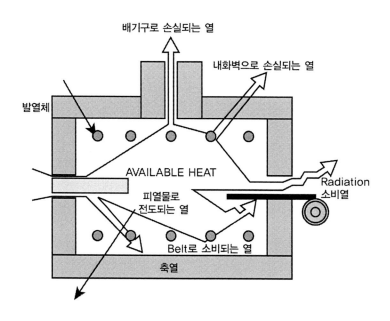

그림에서 볼 수 있듯이 연속 爐 구간 내에서 발열체를 통해 저항 熱(Joul's Heat)이 발생하면 熱은 전도 및 대류 복사 등의 형태로 이동을 한다. 이때 熱은 열량 보존의 법칙에 의해 고온열에서 로 내부의 저온열로 이동을 하게 되고 결국에는 爐 내에 일정하게 보존되어 열평형(Heat balance)의 상태를 유지시킬 수 있는 것이다.

따라서 최적의 열평형 상태를 형성하기 위해서는 총 발열량 및 소비열량을 정확히 산출하여야 하며, 전기로 내에서의 熱의 이동 및 전기로 구성소재(내화물 및 치구 외) 및 피열물의 총 적재량 및 비열, 열전도율을 고려해야 하며, 내화물의 축열량 및 손실량, 그리고 배기구 및 爐 입출구로 손실되는 복사열 등에 대한 이론적인 계산이 선행되어야만 한다.

그러면 전기로 내에서 요구되는 총 발열량 및 소비열량에 대한 요소별 산출방법을 하나씩 확인해보기로 하자.

① 피열물 손실열(Heat To Load)

제품의 시간당 최대 적재량(kg/hr)×제품의 비열(Specific Heat)×승온속도(Temperature Rise)

Heat To Load 란 열처리 하고자하는 제품의 최대 적재량 및 이동속도, 그리고 온도변화에 따른 제품(피열물)의 비열 값(열손실량)을 의미하며, 이 값을 정확히 산출하고 전기로의 열량계산 시 비열 값 대비 열량 여유율 폭을 결정하여야만, 수율이 높은 제품을 생산할 수 있다.

예를 들어, 연속식 爐 가동 시 피열물을 연속적으로 장입할 경우, 처음 장입한 피열물의 열처리 상태와 이후 장입한 피열물의 열처리 상태가 상이(相異)함을 목격할 수 있는데, 우리는 이러한 상태를 '제품의 수율'로 표시한다. 수율이 80%라는 것은, 즉 제품 100개를 열처리 시켰을 때 80개의 제품만이 요구하는 온도대에서 열처리가 되었으며 나머지 20개는 제품의 열처리 상태가 기준치에 이르지 않았다는 것이다.

이렇듯 수율이 낮은 전기로는 최대 적재량에 따른 피열물 및 치구의 열손실량을 고려하지 않고 전기로의 열량을 산정 설계하였다는 것을 의미한다.

✍ 소재의 비열(Specific Heat) 값은 209~211Page에 수록된 '각종 물질의 비열 값' 편을 참조하기 바란다.

② 내화물벽 손실열(Wall Losses)

내부(Inside) 내화물 벽 규격×손실열(Kcal/kg·hr)

Wall Losses란 전기로 내부 내화물의 열손실량을 뜻하며 사용온도 및 축로의 두께, 그리고 내화물의 종류에 따라 열손실량의 차이가 있다. 특히 동일한 종류의 내화물을 사용하지 않을 경우(예를 들어 내화연와와 내화보드를 섞어서 사용할 경우) 내화물 종류별로 사용온도에 따른 각각의 손실량을 산출하여 본 식에 적용하여야 할 것이다.

  ✌ 내화물 방산열량은 56Page에 수록된 '내화물 종류 및 두께별 축열 및 손실열량' 편을 참조하길 바란다.

③ 爐의 배기구 및 입출구로 손실되는 열(Radiation Losses)

$$\text{배기구의 규격 및 Door의 입출구 규격(Opening Area)} \times \text{복사열 비율(Black Body Radiation Rate)} \times \text{Shape Factor}$$

Radiation Losses(복사열 손실)란 한 마디로 열이 매질을 통하지 않고 고온의 물체에서 저온의 물체로 빛의 형태로써 이동하면서 손실되는 것을 말하며, 연속식 爐의 개방되어 있는 구간, 즉 배기구 및 입출구 등이 해당된다고 볼 수 있다.

  ✌ 복사열 비율은 218Page 'Black Body Radiation Rate' 값 참조하길 바란다.

④ 치구 및 Conveyor belt 또는 대판의 손실열(Conveyor Losses)

$$\text{Conveyor 또는 이송치구의 가열 규격(Kg/hr)} \times \text{비열(Specific Heat)} \times \text{전기로 내 유지온도(Temperature Leaving Furnace)}$$

연속식 爐에서 이송장치 및 치구는 필수 부품이며, 爐의 형식에 따라 이들로 인한 많은 열량을 필요로 한다. 예를 들어 Conveyor Furnace는 Belt가 구동장치에 의해 전기로 내에서 외부로 끊임없이 이동하면서 구간(Zone)별 온도에 따른 열량을 필요로 하고, 마찬가지로 Pusher Plate Tunnel Furnace 역시 대판(Pusher Plate)과 대판의 이동에 의해서 피열물이 이송되는 원리로 대판의 규격 및 재질에 따른 비열 값을 정확히 산출하여 이들로 인한 손실 량을 계산하여야만 수율이 높은 전기로를 제작할 수 있을 것이다.

이외에 Roller Hearth Kiln 및 Working Beam furnace, Car Tunnel Kiln 등을 포함

한 연속식 爐는 피열물의 이송 형식에 따라 장치 및 부품의 종류가 다양하고 소비되는 열량 역시 장치의 종류에 따라 차이가 있으니, 연속식 爐의 제작 시에는 각각의 이송장치별 특성 및 규격에 따른 비열 값을 산출하여 적용하여야 할 것이다.

   ☝ 소재의 비열(Specific heat) 값은 209~211page에 수록된 '각종 물질의 비열 값' 편을 참조하기 바란다.

⑤ 축열량(Stored Heat)

   내화물 내부 면적, cm^2×내화물의 축열량, $kcal/cm^2$(Heat Storage capacity)

내화물의 두께 및 종류에 따른 축열량을 의미하며 56page에 수록된 '내화물 종류 및 두께별 축열 및 손실열량' 편을 참조하여 사용온도대의 축열량을 적용하여야 한다.

⑥ 爐의 규격 및 사용온도에 따른 발열량(Available Heat)

전기로의 규격 및 사용온도, 그리고 승온시간대에 따른 필요열량으로서 '제3장 저항가열로의 전력소요량 계산공식' 편을 참조하여 발열량을 산출하여야 한다.

⑦ 총 발열량(Gross Heat)

열평형 조건을 이루기 위한 연속식 爐의 총 발열량으로 공식은 다음과 같다.

$$총\ 발열량 = \frac{A + B + C + D}{E + F}$$

연속식 저항가열로(전기로)를 가동하는 현장 작업자들은 이미 한두 번 쯤은 경험하였듯이, 피열물을 연속적으로 적재 열처리하였을 경우(특히 피열물 열처리 Cycle이 빠른 경우), 제품 중간중간에 요구하는 열처리 조건을 충분히 Process하지 못한 피열물들을 쉽게 확인할 수 있었을 것이다.

이러한 현상을 흔히 제품의 수율이라 부르며 수율의 비율(%)로 피열물 열처리 상태의 높고

낮음을 책정하는데, 이렇듯 수율이 낮은 전기로인 경우 상기와 같은 열평형(Heat Balance)에 필요한 조건들의 계산 없이 단지 爐 규격에 적합한 발열량만을 산정하여 설계 제작되었다고 볼 수 있다.

따라서 저항가열로를 구입하는 측에서는 제품의 열처리 Process(Time Temperature Profile) 및 적재량, 그리고 사용 치구 등에 대한 자료를 정확히 제출하고, 전기로를 설계 제작하는 업체에서는 제품(피열물)의 생산량에 따른 손실열 산정은 물론이고, 사용 내화물의 규격에 따른 축열량 및 방산열량, 그리고 입출구 또는 배기구로 손실되는 복사열(Radiation Losses)과 Conveyor Belt로 소비되는 전도열 등을 충분히 고려하여 전기로를 설계하여야만 수율이 높은 조건의 전기로를 제작할 수 있을 것이다.

(5) Black Body Radiation

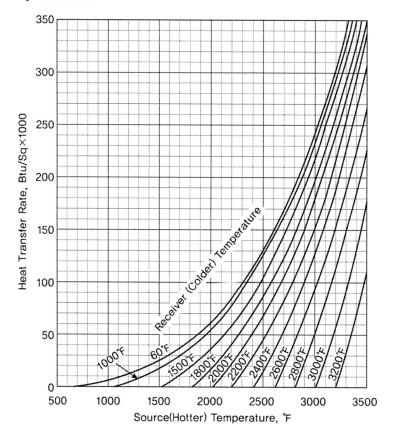

08
전기로 가동에 필요한
화학적 지식

08 전기로 가동에 필요한 화학적 지식

8.1 화학반응(化學反應)

전기로 작업 중에는 각종 성분 간에 화학적 반응이 일어나는데, 이러한 화학반응을 알기 쉽게 설명하기 위해서 원소기호를 사용하고, 또한 화학방정식을 만들어 이론적으로 명백하게 하기도 한다.

보통 강의 열처리 작업에 있어서 화학반응을 이해하고 이용함은 피열물의 질적인 수준을 높임과 동시에 전기로의 성능을 최적화시킬 수 있으므로, 이 장에서는 전기로의 작업에서 꼭 알아야 할 화학반응을 간단하게 설명하기로 한다.

예를 들어 물을 분해하면 수소와 산소로 나누어진다. 또 수소와 산소를 혼합하여 불을 붙이면 수증기가 발생한다. 이처럼 둘 또는 그 이상의 물질이 되는 것을 화합한다고 말하며, 이러한 화합으로 생겨난 물질을 화합물이라고 한다. 그리고 이때의 변화를 화학변화 또는 화학반응이라 말하며, 화합물을 만들고 있는 성분을 원소라고 말한다.

물 또는 수소 및 산소는 어느 것이나 모두 분자는 극히 작은 입자로 만들어져 있다. 그리고 물의 분자를 다시 화학적으로 분석해 가면 수소라는 원자 2개와 산소원자 1개로 성립되어 있음을 누구나 알고 있다. 수소를 H로 표시하고 산소원자를 O로 표시하는데, 이것을 원자기호 또는 원소기호라고 칭하며 다른 원소에도 각각의 기호가 정해져 있다.

물은 수소 2원자와 산소 1원자로 성립되어 있으므로 H_2O로 표시된다. 이것을 분자식이라 하고, 분자식을 사용하여 물의 화학반응을 나타내면 $2H_2 + O_2 = 2H_2O$가 되며, 수소 2용적과 산소 1용적이 반응하여 수증기 2용적이 되는 것을 표시하고 있다. 이것을 화학방정식 또는 반응식이라고 한다.

철의 원자는 Fe로 표시되며 이것이 산화되면 FeO, Fe_2O_3, Fe_3O_4 등의 화합물이 된다. 이 경우 스케일은 대체로 FeO에 가깝고 적철광은 Fe_2O_3, 그리고 자철광은 Fe_3O_4이다. 산소 원자 1개의 무게를 16으로 정하여 이것을 표준으로 삼고 모든 원자 1개와의 비교 무게를 측정하고 정하여 이것을 원자량이라 이름 붙였다.

● 전기로의 열처리 작업과 관계 있는 원소의 원자량

원소	기호	원자량	원소	기호	원자량
수소	H	1.008	마그네슘	Mg	24.32
붕소	B	10.82	알루미늄	Al	26.98
탄소	C	12.011	규소	Si	28.09
질소	N	14.008	인	P	30.975
산소	O	16.000	유황	S	32.006
불소	F	19.00	염소	Cl	35.457
네온	Ne	20.183	칼륨	K	39.100
나트륨	Na	22.991	칼슘	Ca	40.08
티타늄	Ti	47.900	지르코늄	Zr	91.22
바나듐	V	50.95	몰리브덴	Mo	95.95
크롬	Cr	52.01	카드뮴	Cd	112.41
망간	Mn	54.94	주석	Sn	118.70
철	Fe	55.85	안티몬	Sb	121.76
코발트	Co	58.94	요소	I	126.91
니켈	Ni	58.71	바륨	Ba	137.36
동	Cu	63.54	란탄	La	138.92
아연	Zn	65.38	탄탈	Ta	180.95
게르마늄	Ge	72.60	텅스텐	W	183.86
비소	As	74.91	백금	Pt	195.09
셀렌	Se	78.96	비스무드	Bi	209.00

또 분자 1개의 비교중량을 분자량이라고 한다. 예를 들어, 산소의 원자량을 16으로 정했으므로 산소의 분자량은 32가 된다. 아울러 수소의 원자량은 1.008이므로 수소의 분자량은 2.016이 된다.

물은 분자식이 H_2O이므로 $1.008 \times 2 + 16 = 18.016$이 물의 분자량이다. 따라서 $2H_2 + O_2 = 2H_2O$의 화학방정식에서 $2.016 \times 2 = 4.032g$의 수소와 32g의 산소에서 36.032g의 물이 생긴다는 것을 알 수 있다.

또한 석회의 분자식은 CaO이고, 이것은 수분을 흡수하여 소석회가 된다. 이것을 화학방정식으로 표시하면 $CaO + H_2O = Ca(OH)_2$가 된다.

즉, Ca의 원자량은 약 40, 산소의 원자량은 16, 수소의 원자량은 약 1이므로 $CaO = 40 + 16 = 56$, $H_2O = 2 + 16 = 18$이므로 56g의 석회가 18g의 물을 흡수하여 74g의 소석회가 된다. 이와 같은 화학반응을 일으킬 때는 열이 발생하게 되는데 이것을 식으로 나타내면,

$$CaO + H_2O = Ca(OH)_2 + 15,640cal$$

이 뜻은 56g의 석회가 18g의 물을 흡수하여 15,640cal의 열을 발생한다는 것이다. 예를 들어 산에서 나오는 석회석은 $CaCO_3$라는 분자식으로 표시된다. 그리고 석회석을 태우면 다음의 방정식으로 석회가 된다는 것을 알 수 있다.

$$CaCO_3 = CaO + CO_2 - 42,520cal$$

이것은 $CaCO_3 = 40 + 12 + 16 \times 3 = 100g$의 석회석을 태우면 56g의 석회가 생기는데, 그 때문에 42,560cal의 열을 흡수하는 것으로 표시된다. 즉, 1,000kg의 석회석을 전기로 속에 투입하면 425,200kcal의 열을 흡수하며, 이것을 전력으로 환산하면 $1kWh = 860kcal$이므로 494KWh가 된다.

또 다른 예로, 제강현장의 전기로 속에서 재료가 용해하면 용강 중이나 슬랙 속에도 다량의 산화철(FeO)이 존재한다. 그리고 이 FeO가 용강 중의 C와 반응하여 탈탄이 된다. 철광석 Fe_2O_3를 용강에 투입했을 때 반응식을 보기로 하자.

$$Fe_2O_3 + 3C = 2Fe + 3CO - 115,560 cal(흡열반응)$$

Fe의 원자량은 55.85이므로 $Fe_2O_3 = 55.85 \times 2 + 16 \times 3 = 159.7$이고, C의 원자량은 약 12이므로 $3C = 12 \times 3 = 36$이다. 즉, 철광석 159.7kg이 전부 반응하면 36kg의 C를 산화하고 115,560kcal의 열을 흡수한다. 말하자면 1kg의 C를 제거시키기 위해 이론상으로 115,560 / 36 = 3,210kcal의 열이 소비되는 것이다. 그리고 산소가스를 이용하여 탈탄하는 경우에는

$$O_2 + 2C = 2CO + 53,100 cal(발열반응)$$

32kg의 산소가 24kg의 탄소와 반응하여 53,100kcal의 열이 발생한다고 볼 수 있다. 말하자면 1kg의 C를 제거하면 이론상 53,100 / 24 = 2,212kcal의 열이 발생한다는 것이다. 실제로는 전기로 가동 중 로 내의 반응으로는 Fe_2O_3의 전부가 반응하는 일이 없으며, 일부는 FeO가 되고 또는 규소나 망간과의 반응도 생긴다.

물론 이 계산대로는 안 되지만 철광석을 사용하면 열을 흡수하므로 전기로 내의 온도는 저하되려 하며, 산소가스를 사용하면 열을 발생케 하므로 온도가 상승한다는 것으로 전기로 가동에 있어서 중요한 사항이다.

이렇듯 기본적인 화학반응식을 이해하고 전기로를 가동 한다는 것은 열처리 작업에 큰 도움이 될 수 있으며, 전기로를 효율적으로 활용하여 Running Cost를 절감시킬 수 있다는 측면에서 바람직한 일이라고 본다.

8.2 산(酸)과 염기(鹽基)와 염기도(鹽基度)

수소원자는 양자란 입자와 전자로 이루어졌으며 양자는 플러스(+)의 전기를 지니고 있으며 전자는 마이너스(−) 전기를 지니고 있다. 수소는 이처럼 플러스와 마이너스의 전기를 지니고 있으므로 전기적으로 가정할 때 가감하면 제로가 된다.

원자에서 전자를 제거한 것을 원자핵이라고 말하는데 수소의 원자핵을 H^+로 표시하고 있다. 이것은 플러스의 전기를 가졌다는 의미로 H^+를 수소이온이라 부른다. 예를 들어 염산은 수소와 염소와의 화합물의 수용액이며 HCl로 표시되는데, 이 수용액은 수소원자의 전자($-$)를 염소가 취하여 $HCL \rightarrow H^+Cl^-$로 되어 있다. Cl^-는 마이너스 전기를 가지고 있음을 나타낸 것으로 염소이온이라고 한다.

이처럼 모든 화합물의 수용액은 화합물이 이온으로 되어 존재한다. 화합물의 분자가 이온으로 분리하는 것을 전리라고 하며 이러한 수소의 이온 H^+가 표시하는 반응을 산성반응이라 호칭하고, 전리하여 수소이온을 낼 수 있는 물질을 산(酸) 또는 산성 물질이라 말한다. 또한 수산이온 OH^-가 나타내는 반응을 알칼리 반응이라 호칭하며 전리하여 OH^- 이온이 될 수 있는 물질을 염기(鹽基) 또는 염기성 물질이라 말한다. 수소이온과 수산이온이 반응하여($H^+ + OH^- \rightarrow H_2O$) 물이 생기며 이것을 중화라고 말한다. 즉, 산과염기가 중화하면 물과 소금이 생긴다.

석회를 물에 녹이면 $CaO + H_2O = Ca(OH)_2$가 되는데 이 $Ca(OH)_2$는 Ca^{++}와 $2OH^-$로 전리하며 이 OH^-가 알칼리성이므로 석회는 염기성이라 말하고 있다. 반대로 규산(SiO_2)은 물에 녹지 않지만 H_2SiO_3란 화합물이 있으며 이 속의 H^+가 산성을 나타내므로 SiO_2는 산성이다.

산성 물질은 염기성 물질과 매우 잘 반응하여 화합물을 만드는데, 예를 들어, 염기성 전기로의 벽면에 산성의 규석 내화연와를 사용할 경우 석회분이 휘발되어 규석 내화연와를 침식하게 하는 문제를 발생시키므로 이 점에 주의하여야 한다.

8.3 제련 중의 화학반응

일반적으로 강의 제련에 사용되고 있는 전기로는 거의 염기성이라고 볼 수 있다. 따라서 염기성 조업과 관련하여 예를 들어보기로 하자.

우선 산화정련 작업 중 전기로 내의 존재하는 공기 중의 산소나 외부에 부착된 산화철 때문에 자연적인 산화작용이 이루어지고 있으며, 그 외에 인위적으로 스케일을 투입하거나 산소가스 등을 불어넣음으로써 산화작용을 촉진시키고 있는 것을 볼 수 있다.

이러한 산화 정련의 목적은 우선 규소(Si)를 산화제거하여 탄소(C)를 적당한 곳까지 내려가게 하여 인(P)을 제거시키는 데 그 목적이 있지만, 동시에 용강 중에 포함되어 있는 수소나 질소를 제거하고 비금속 개재물을 부상케 하는 등의 목적도 지니고 있는 것으로 안다.

또한 때때로 크롬(Cr) 등을 제거시키는 것을 목적으로 하는 경우도 있는데, 이를 화학 방정식으로 보면 다음과 같다.

$$2FeO + Si = 2Fe + 3CO$$
$$O_2 + Si = SiO_2$$
$$Fe_2O_3 + 3C = 2Fe + 3CO$$

$$FeO + Mn = MnO + Fe$$
$$5Fe_2O_3 + 6P = 10Fe + 3P_2O_5$$

$$2Fe_2O_3 + 3Si = 4Fe + 3SiO_2$$
$$FeO + C = Fe + CO$$
$$O_2 + 2C = 2CO$$
$$Fe_2O_3 + 3Mn = 2Fe + 3MnO$$

$$5FeO + 2P = 5Fe + P_2O_3$$
$$5O_2 + 4P = 2P_2O_3$$
$$FeS + 2FeO = 3Fe + SO_2$$

이처럼 하여 생긴 SiO_2, MnO, P_2O_5 등은 제련 중 슬랙으로 변하지만 그 반응은 매우 복잡하다고 볼 수 있다. 예를 들어 $(CaO)4 \cdot P_2O_5$는 CaO가 적을수록 또는 전기로의 온도가 매우 높을 경우 불안정하며 P_2O_5가 분리되어 탄소(C)에 의해 환원되는 경우가 발생한다. 그러므로 인(P)을 제거하는 탈인작업에는 될수록 염기도를 높이고 온도는 높지 않게 하는 것이 바람직하다. 그러나 이와 같이 제련 작업을 하게 되면 유동성이 불량하게 되어 반응속도가 늦어지므로 스케일을 투입하여 유동성을 원활하게 해야 될 경우도 있다.

8.4 강(鋼)에 포함되는 각종 원소

완전히 순수한 철을 제조하는 것은 거의 불가능한 일이며 반드시 어떤 불순물이 포함되어 있다고 보면 적당하다. 강에 포함되는 각종 원소 중에는 화학반응에 의해 우연히 생긴 것과 특수한 성질을 부여하기 위해 첨가시킨 인위적인 것들이 있으며, 이러한 원소들이 강에 미치는 영향의 상세함은 여기서 다 설명할 수 없을 정도로 많기 때문에 조업현장에서 알고 있어야 할 개략적인 것만 다음과 같이 살펴보기로 한다.

(1) 규소(Si)

Si는 페라이트의 강도, 경도를 높이는 작용이 강하므로 저탄소강에서는 그 영향이 크며, 재결정온도를 높게 하고 입도를 조대화하기 쉽다. 또한 Si는 강의 내산화성 및 내식성을 높게 하여 주므로 내산강에는 Si를 14~15% 정도 포함된 것이 사용된다.

(2) 망간(Mn)

Mn은 페라이트를 강화하게 하는 정도가 높으며 또한 강의 점성을 높이기도 한다. 용강 중에는 유황(S)과 화합하여 MnS를 만들고 유황에 의한 적열취성을 막는다.

(3) 인(P)

P는 철 중에서 고용체가 되며 몹시 편석하고, 인장강도와 경도를 증가시키며 신장을 감소시킨다. 예를 들어, P 0.25%로 충격치(衝擊値)는 거의 제로가 된다. 또한 P는 강을 상온에서 무르게 하는 특성이 있다. 즉, 상온취성을 나타내며 또한 뜨임(Tempering) 취성을 현저하게 한다.

(4) 유황(S)

FeS는 취약하며 입계정출을 하고 적열취성의 원인이 된다. Fe와 FeS와는 공석(共析)을 만드는 경향이 있으며, 용융점을 내려 백열취성의 원인이 되기도 한다. 그러나 MnS는 가단성(可鍛性)이 풍부하고 용융점이 높으며, 적열취성을 방지하므로 S의 함유량에 따른 Mn을 가하면 가단성을 개선시킬 수 있다. 강의 Mn을 약간 높게하고, S를 0.1~0.3% 정도 가한 강은 쾌삭강으로서 이용되고 있는데, 이것은 MnS의 개재에 의하여 절분(切扮)의 파단이 빨라지기 때문이다.

(5) 니켈(NI)

니켈(Ni)이 강에 들어가면 불림(Normalizing), 풀림(Annealing)상태의 강도가 증가한다. 파라이트계 및 페라이트계 강의 점성강도를 증가하게 하는 역할도 강하다. 고크롬 강에 니켈(Ni)을 가하면 오스테나이트가 된다.

(6) 크롬(Cr)

영구자석, 고속도강 및 스테인레스 강 등의 중요 원소이기도한 크롬(Cr)은 페라이트 속에 비교적 많이 고용하면서도 페라이트를 강화하는 정도는 비교적 적은 편이다. 풀림(Annealing) 상태에서의 Cr은 거의 탄화물 속에 들어가고 페라이트 속에는 소량밖에 남지 않는다.

Cr이 풍부한 탄화물은 Fe_3C보다도 내마모성을 부여하므로 Cr은 베어링강이나 공구강 등에 사용되는데, 강의 담금질성을 증가시키고 내식성, 내산화성을 높이는 특징이 있다. 예를 들어 강의 탄소(C) 함유량이 0.1% 이하인 경우에는 Cr을 가하여도 경도에 대한 효과가 적다. 그러나 탄소(C)가 0.2% 이상인 강에 크롬(Cr) 1%만 가하여도 경도와 강도가 매우 커진다.

(7) 코발트(Co)

코발트(Co)는 페라이트 경화작용에 의하여 적열강도를 증가하며, 스테라이트의 중요성분이기도 하다.

(8) 몰리브덴(Mo)

몰리브덴(Mo)은 페라이트를 강화하는 능력이 강하며 재결정온도를 상승시키는 특성이 있어 크롬(Cr)과 함께 500℃ 정도의 온도에서 내크리이프성을 증가시키는 힘도 강하다. 또한 담금질성의 개선에도 효과가 있다. 뜨임(Tempering)에 대해서는 뜨임취성의 방지에 효과가 있고 뜨임에 대한 저항이 강하다. 몰리브덴(Mo)은 오스테나이트 결정립의 성장온도를 높이며 적열경도를 늘리고 내마모성을 증가시킨다. 강에 대한 영향은 텅스텐(W)과 흡사하며 몰리브덴(Mo) 2~4% 정도를 넣으면 텅스텐(W) 4~8%를 넣은 경우와 같은 작용을 한다. 특히 스테인레스 강에 몰리브덴(Mo)을 넣으면 그 성질이 개선된다.

(9) 텅스텐(W)

텅스텐(C)은 페라이트를 강화하게 하는 능력이 극히 강한 원소이다. 텅스텐(C)이 강의 합금 원소로 이용되는 이유는, 첫째 고온에 견디는 성질을 강하게 부여한다는 것이고 둘째로 특수탄화물에 의한 강의 내마모성을 부여한다는 두 가지가 있다. 텅스텐(C)은 경도가 있고 내마모성의 입자를 만들기 때문에 공구강 등에 주로 사용된다. 아울러 적열강도 및 고온강도를 증가시키기 때문에 고속도강 및 영구자석강 등의 주요 성분으로 사용되고 있다.

(10) 바나듐(V)

바나듐(V)은 탄화물을 만들기 쉬운 원소로 바나듐(V)의 탄화물 형성 능력은 크롬(Cr)과 망간(Mn)의 중간에 위치하고 있으며, 탄화물 반응에 의하여 뜨임의 저항성, 뜨임의 2차 경화가 현저해지는데 과잉하게 가하지 않으면 페라이트 속에 들어가지 않는다. 또한 바나듐(V)은 오스테나이트 입자를 미세화하고 결정립의 성장온도를 높인다. 담금질성을 증가하고 뜨임취성에 대한 저항성을 증가시키며, 질소와의 친화력이 강하므로 바나듐 질화강으로서 사용되고 있다.

(11) 티타늄(Ti)

티타늄(Ti)은 강의 가공취화를 방지하고 변형시효를 방지하는 특성이 강하며, 페라이트를 강화하는 능력이 강한원소이다. α철에 고용한 것만으로도 경도 및 인장강도가 상당히 증가한다. 티타늄(Ti)은 산소, 질소, 유황 및 탄소와의 친화력이 강하고 그것들을 제거 또는 고정 제로서 유력하다. 또한 티타늄(Ti)은 극히 안정된 질화물 TiN을 만들고 N_2(질소)를 고정하는 역할이 강하다. 예로 티타늄(Ti)의 첨가량 0.1%로 (N)이 0.001%까지 감소된다는 실험 보고가 있다. 특히 보론(B) 강에서는 질소(N_2)가 보론의 작용을 소실시키므로 보론(B)의 효과를 발휘시키기 위해서 티타늄(Ti)을 보론(B)과 동시에 사용하여 질소(N_2)를 고정시키고 있다. 티타늄(Ti)은 강의 결정립도의 미세화작용에 현저한 능력이 있다. 그래서 결정립의 세조혼합을 방지하기 위해선 티타늄(Ti)이 유효한 원소로 알려져 있다.

(12) 동(Cu)

동(Cu)은 강의 강도를 증가시키는 역할을 한다. 동(Cu)을 포함하는 강은 동(Cu)이 철(Fe)보다도 산화가 어렵기 때문에 산화물 밑에 동(Cu)이 풍부한 층이 생기고 부식의 진행을 방지하기도 한다. 그러한 이유에서 0.2~0.3% 이상의 동(Cu)을 포함한 강은 대기 중에 있어서 내식성이 강하다. 또한 동(Cu)은 강에게 시효경화를 부여하고 적열취성을 부여하기도 한다. 더욱이 유황(S)과 함께 존재하면 적열취성은 현저히 강한 것으로 알려져 있다. 그러나 니켈(Ni)과 공존하면 반대로 적열취성이 적어진다.

(13) 붕소(B)

붕소(B)는 극히 미량(0.001~0.005%)의 첨가로 강의 담금질 경화성을 현저하게 증대시킨다. 그리고 이러한 경화능은 저탄소강에 있어서 특히 유효하다. 붕소(B)는 철에 대하여는 거의 고용도를 가지지 않으므로 첨가량이 많아지면 Fe_2B가 생겨 취화하고 또 적열취성을 나타낸다. 예를 들어 붕소(B)가 1.5% 이상이 되면 단조가 불가능해진다.

(14) 연(Pb)

연(Pb)은 강의 피절상석을 향상시키는 역할을 한다. 그래서 연(Pb)이 0.01~0.20% 포함된 강은 연쾌삭강으로 많이 이용된다.

(15) 비소(As)

비소(As)는 상온취성을 나타내고 단접성(鍛接性)을 해친다.

(16) 안티모니(Sb)

안티모니(Sb)는 비소와 마찬가지로 상온취성을 나타낸다.

(17) 주석(Sn)

주석(Sn)은 주로 양철 스크랩에서 나오지만 주석(Sn)이 강에 들어가면 상온과 고온 성취를 나타낸다.

(18) 아연(Zn)

아연(Zn)은 주로 함석판 등에서 나오며 아연(Zn)이 강에 들어가면 상온취성 및 고온취성을 나타낸다.

(19) 산소(O_2)

산소(O_2)는 강 중에서 거의 고용하지 않으며 탈산 생성물인 SiO_2, Al_2O_3, TiO_2, ZrO_2, Cr_2O_3 등도 온도 여하를 불문하고 철(Fe) 중에 고용하지 않는다. 하지만 FeO와 MnO는 고온에서 약간 고용하는 것으로 알고 있다. 강 중에는 주로 FeO의 형태로 존재하고 적열취성을 나타낸다.

(20) 질소(N_2)

질소(N_2)는 강중에서 철(Fe) 또는 합금원소의 질화물로서 0.002~0.030% 정도 존재하고 있으며 고합금강에서는 특별히 질소(N_2)를 첨가하고 그 성질을 향상시키는 경우도 있다. 질소(N_2)는 일반적으로는 유해원소이며 가스기포의 원인이 되고 담금질시효, 변형시효, 풀림취성, 내식성의 열화 및 충격치의 저하 등의 원인이기도 하다. 질소(N_2)는 강한 r 상 안정화 원소이기 때문에 탄소강의 담금질성을 현저하게 증가시키고 잔류 오스테나이트를 늘리는 한편 이것을 안정화시키기도 한다. 고크롬 강에 질소(N_2) 또는 질소(N_2) + 붕소(B)를 첨가하면

질화물을 생기게 하고 결정립을 미세화하여 인장강도, 크리이프 응력, 점성 등을 증가시킨다. 또한 질소(N_2)는 스테인리스의 고온 강인성을 증가게 하고, 압연성과 내산화성을 증가시키기도 한다.

(21) 수소(H_2)

수소(H_2)는 강중에 철(Fe)이나 합금원소와 합금물을 만들지 않는다. 수소(H_2)는 백점(白点)의 원인이 되고 취성을 증가시킨다. 특히 산세취성 및 전해취성은 수소(H_2)에 원인이 있지만 이러한 수소(H_2)는 극히 표면 가까이에 존재하고 저온가열에 의해 쉽게 제거된다.

(22) 셀레늄(Se)

셀레늄(Se)은 탈산성이 있으며 강의 인성을 증가시킨다. 따라서 스테인레스의 피절삭을 양호하게 하기 위해 셀레늄(Se)이 사용된다.

(23) 베릴늄(Be)

베릴늄(Be)은 강의 경도를 증가하고 가탄성을 해친다.

(24) 탄탈(Ta)

탄탈(Ta)은 티타늄(Ti), 지르코늄(Zr) 등과 비슷한 성질을 지니고 있으며 강에 대해서도 같은 작용을 한다. 주로 내열강의 크리이프 한도를 높이는 목적에 사용되며 또한 공구강의 절삭 능력을 향상시키는 목적에도 사용된다.

(25) 지르코늄(Zr)

지르코늄(Zr)은 산소(O_2), 질소(N2), 유황(S)과의 친화력이 극히 강하고 탈산, 탈질, 탈황제로서 사용되며 변형시효, 담금질시효, 청 열취성, 적 열취성의 방지 효과가 크다. 또한 강의 오스테나이트 결정 입도를 미세화하고 알루미늄(Al)이나 티타늄(Ti)에 이어 그 조대화(粗大化) 온도를 높이는 데 유효하다. 지르코늄(Zr)은 탄화물 생성원소에 속하고 크리이프 강도의 향상에도 유효하다. 또한 지르코늄(Zr)은 스테인리스의 피절삭성을 향상시키고 공구강의 절삭성을 양호하게 한다. 특히 지르코늄(Zr)은 유황(S)과의 친화력이 강하기 때문에 적열취성을 방지하지만, 예컨대 0.2%의 유황(S)을 포함한 강은 압연이 불가능한데 여기에 0.22%의 지르코늄(Zr)을 가하면 압연이 가능할 수 있다.

09
올바른 전기로의 선택을 위한 사양 설정

09 올바른 전기로의 선택을 위한 사양 설정

올바른 전기로의 선택은 전기로의 수명을 연장시킬 뿐만 아니라 사용하고자 하는 목적에 적합한 재료를 생산할 수 있으며, 에너지의 절감을 통하여 원가 및 유지보수비 절감을 꾀할 수 있다는 장점이 있다. 따라서 좋은 성능의 전기로를 제작 또는 구입하기 위해서는 전기로의 설계 및 제작에 필요한 열적인 특성치 및 피열물의 열처리 용도를 명확히 하는 것은 물론, 조업 시 동작 특성, 에너지 이용상태 등을 정확히 할 수 있도록 하여 에너지를 효율적으로 이용함은 물론 생산성 향상에 기여할 수 있어야 한다.

9.1 전기로의 형식에 따른 선정

실제로 한 대의 전기로로 요구하는 모든 목적의 열처리를 처리할 수 있는, 즉 만능으로 사용할 수 있는 전기로는 없기 때문에 爐의 적절한 형식을 결정하기 위해서는 좀 더 신중하게 검토하여야 한다. 우선 전기로 각각의 형식과 이점 및 과정을 잘 이해한 후에 사용자의 작업공정과 작업환경에 어떠한 형식이 가장 적절한지 생각하여 爐의 형식을 결정하여야 한다.

필자의 경험으로 볼 때, 대부분의 구입자들이 Initial Cost(초기 전기로의 가격)에 중점을 두어 Running Cost를 무시하는데, 이것은 올바른 선택이 아니다. 말하자면 Initial Cost를 절감하는 것도 중요하지만 이것은 일시적인 투자에 불과하기 때문이다. 전력소비와 인건비 등은 계속 소요되는 비용이므로 설비의 상각비, 금리와 매일의 노무비, 전력요금 및 운전비용, 그 외에 전기로 유지보수에 따른 비용 등이 소요되는 Running Cost 역시 Initial Cost 만큼 중요하기 때문이다. 따라서 올바른 형식의 전기로를 선정한다는 것은 Running Cost를 최소가 되도록 하는 경제성이 우수한 설비를 선택한다는 것과도 같다.

최근에는 복합재료 및 신소재의 개발로 인하여 전기로 내에 여러 가지의 분위기 가스를 이용한 열처리 방법이 개발되고 있는 추세다. 분위기로는 보통의 로와는 다르게 기밀구조라는 특수한 형식을 가지고 있으며 사용 분위기 종류에 따라 가스발생장치 등 여러 종류의 부가장치를 필요로 한다. 그래서 조업법도 복잡해지고 Running Cost도 증가되고 있다. 그러므로 전기로의 적절한 형식을 결정하기 위해서는 좀 더 신중하게 검토하고 기초적인 이론을 바탕으로 하여야 한다.

(1) 전기로 형식의 선정방법

목적	항목	선택 조건
기본 요소	생산계획	피열물의 열처리 목적 및 정밀도, 피열물의 Time−Temperature Profile은 전기로 설계의 기본이며 로의 형식을 좌우하는 요소이다.
		피열물의 재질 및 형상 크기 및 처리량, 피열물의 생산계획 및 전기로의 용량 결정에 직결되므로 정확한 생산량을 제시하여야 한다.
	작업환경	작업자의 소질 과 수, 작업자가 열처리교육을 받았는지 전기로 관리 경험이 있는지에 따라 Running Cost가 좌우되며 전기로의 수명 또한 연장될 수 있다.
	자금	설비자금
		운전자금

목적	항목	선택 조건
생산설계에 따른 선택	피열물	형상 및 크기에 따른 단위작업량
	작업공정	가열처리 작업의 전후 공정
	조업조건	작업 처리온도 및 작업 조건
	운전경비	전력비, 인건비, 유지보수비 및 상각비
생산량에 따른 선정	다품종, 다량생산	소형 연속식 또는 atch형 로를 여러 대 설치
	다품종, 소량생산	비 연속식(Batch형) 전기로 선택
	소품종, 다량생산	연속식 전기로 선택
	소품종, 소량생산	소용량 BATCH 로 선택

9.2 전기로 사양의 점검 방법

전기로의 사양을 점검하는 항목에는 우선 열처리의 목적에 맞는 형식을 선정해야 하고, 피열물의 처리 온도 및 생산량에 적합한 기능, 그리고 정확한 제어장치를 통해 에너지를 유효하게 이용할 수 있는 적절한 조업 방식을 취하는 데 있다고 본다. 따라서 전기로 제작 및 구입 시에는 다음과 같은 사양 조건을 명확히 하여, 로의 기초 설계에 문제가 없도록 충분하게 표시하여야 한다.

(1) 로의 사용목적(Application)

가열처리의 목적, 예로 소입, 소순, 소성, 하소, 소결 등의 사용 목적을 명확히 한다.

(2) 피열물의 내용(Process Materials)

피열물의 재질 및 형상(고체, 액체, 분체, 분말, 기체의 성형품, 크기 등), 중량, 비중 등을 세밀하게 표시하고, 또한 함수율과 휘발성 물질인지 그리고 전기로 소재에 크게 영향을 미치는 것인가를 명확히 해야 한다. 예를 들어 Pb(납) 성분은 탄화규소 발열체에 영향을 주며, BO_3(삼산화붕소)는 이규화 몰리브덴($MoSi_2$) 발열체의 수명을 단축시킨다. Alkali는 발열체 및 내화물에 영향을 끼치므로 피열물의 성분에 따라 로의 구조가 재고되어야 하므로 주의하여야 한다.

(3) 로의 처리능력(Furnace Capacity)

시간당 생산량(kg/h), 또는 월당 생산량(kg/month) 및 생산개수(수량/h) 등을 명확히 하고, 연속로인 경우에는 처리속도 역시 상세히 하여야 한다.

(4) 가열 및 냉각조건(Time Temperature Profile)

처리온도, 가열시간(승온), 유지시간(소요시간), 냉각시간 등 로의 규격 및 형식의 설계에 직접적인 영향을 주는 Time Temperature Profile을 가능하면 상세히 명시해야 한다.

(5) 온도분포도(Temperature Uniformity)

로 내의 온도분포도는 피열물의 생산 수율과 직결되며, 아울러 로 내화물 및 발열체의 설치구조 설계에 영향을 주므로 명확히 표시해야 한다. 예를 들어 로 내 온도분포도: ± 5℃

(6) 로의 조업방식 및 재료의 방식

비연속 조업 방식인지 또는 연속 조업방식인지를 명확히 하여 로의 기본적인 형상을 결정할 수 있도록 한다. 로의 형상 및 형식에 따라 Initial Cost(초기 투자비)가 결정되므로 이점을 명확히 할 필요가 있다. 아울러 연속로의 경우 조업을 무인화할 것인지에 따라 추가 설비가 부가되므로, 가능하면 이 점을 사전에 협의하는 것이 적당하다. 또한 피열물을 적재하는 장치 및 이송장치, 그리고 전후공정 등을 사전에 연결시켜 작업의 합리화를 도모하는 것이 올바른 방법이다.

(7) 분위기 조건(Atmosphere)

분위기를 처리하는 경우, 그 목적과 처리 Process의 내용 및 소요 가스(Gas)의 조성성분을 명확히 하여야 한다.

(8) 이용 전원(Electric)

이용 가능한 전원의 상수(Phase)와 주파수(Hz), 전압(Voltage) 및 최대용량(kW) 등을 명확히 한다.

(9) 제어 및 기록장치(Control & Date Acquisition System)

온도 조절 및 기록장치, 전력조절장치 및 변압기의 구성 등은 어떻게 할 것인지, 그리고 자료처리장치는 어떻게 구성할 것인지에 따라 효율적인 에너지의 관리가 이루어질 수 있으며, 아울러 작업자의 수 및 관리 능력이 좌우되므로 이 점을 명확히 해야 한다.

(10) 안전 및 환경대책

전기가열방식(간접 저항가열방식)은 안전 환경의 관점에서도 이상적이지만, 고온처리 및 각종 가스, 냉각매체 등을 이용하는 경우도 있기 때문에 사용조건에 따른 적절한 협의가 필요하다. 예를 들어, 무기바인더(Organic Binder – PVA, PEG 외)를 사용하는 경우 폭발성 가스(수소 Hydrogen 및 Cracked Amonia 가스 사용 시) 및 유해가스(H_2S 및 CO_2 외)를 사용하는 경우에는 그 처리방법에 따라 작업자의 신변에 위험을 끼칠 수 있으므로 안정장치(Safety System) 및 환기장치를 설치하여야 한다.

(11) 전기로 사양 점검 요약 표

① Batch Furnace(비연속 로)인 경우

사양(Specifications)

- 피열물의 내용 및 처리량(Chemical Composition & Shape Of Materials, Production Rate)
- 열처리의 종류(Application)
- 조업 및 사용 방식(Operating Cycle Time)

가동시간에 따라 내화물의 구성 설계가 변경되므로 필히 점검해야 한다. 예를 들어 Running Time이 짧은 경우 내화물을 Ceramic Board로 선정되어야 하고 반대로 Running Time이 장시간인 경우 내부 축열을 고려해 Insulating Brick(내화연와)으로 설계하는 것이 바람직하다.

- 최고 사용온도(Maximum Operating Temperature)

  최고 사용온도는 실제 사용온도보다 약 100℃ 정도 높게 설정하는 것이 좋다.

- 승온, 유지 및 냉각시간(Heating Up, Holding, Cooling Rate)

  승온 및 냉각시간은 전기로의 용량 및 발열체의 종류를 좌우하는 중요한 요소이므로, 가급적이면 실제 Profile 조건을 적용하는 것이 바람직하다.

- 사용 용적(Working Area)

  발열체와의 간격(상하 및 좌우) 및 하부 붕판 및 Post의 높이를 고려해 설정하는 것이 올바른 방법이다. 간혹 이러한 부분을 고려하지 않고 설계를 하는 경우, 실제 사용용적이 부족해 전기로를 재구입하는 경우도 있으므로 반드시 검토해야 한다.

- 온도분포도(Temperature Uniformity)

  온도분포도는 전기로의 형태를 결정짓는 요인이므로 제품의 수율을 고려해 정확한 온도분포도를 설정해야 한다.

- 사용 분위기(Atmosphere)

- 제어 및 기록장치의 사용 여부(Data Aquisition System)

- 이용 전원(Electric)

  전원은 전기장치의 부품 및 발열체의 결선을 좌우하는 중요요소이므로 설계 시 또는 전기로 구입 시 이 점을 명확히 해야 한다.

- 기타 치구의 종류 및 특이사항(Others)

② Continuous Furnace(연속로)인 경우

사양(Specifications)

- 피열물의 내용(Chemical Composition & Shape of Materials)
- 피열물의 생산량(Production Rate)
- 열처리의 종류(Application)
- 가동 조건 / 전기로의 조업방식(Operating Condition)
- 열처리 공정(Time Temperature Profile)
- 공로 상태에서의 승온시간(Heating Up Rate of empty Furnace)
- 온도분포도(Temperature Uniformity at High Temperature Section – Holding Time)
- 사용 분위기(Atmosphere)
- 제어 및 기록장치의 사용 여부(Data Aquisition System)
- 이용전원(Electric)
- 기타 치구의 종류 및 특이사항(Others)

연속로의 사양 설정에 있어서 가장 중요한 요소는 열처리 공정과 피열물의 생산량 및 사용 분위기, 그리고 전기로의 조업방식이라 할 수 있다. 실제로 열처리 공정은 연속식 전기로의 형식 및 온도, 그리고 생산량 등 모든 것을 내포하고 있는 사양이므로, 전기로 제작 시 그리고 구입 시 반드시 공정에 대한 사전 검토가 이루어져야 한다.

보편적으로 국내의 사용자들은 자료의 기밀성을 감안하여 열처리 공정을 전기로 제작업체에 제시하지 않고 피열물의 온도 및 생산량, 그리고 대략적인 내부 규격만을 공개하는 경우가 종종 있는데, 이것은 올바른 방법이라 할 수 없다. 연속로는 일반 Batch형 전기로와는 달리 가열구간을 적게는 3개에서 많게는 20~30여 개까지 설정하고, 가열구간별로 개별적인 온도제어를 하여줌으로써 피열물의 수율을 향상시킬 수 있도록 설계하여야 한다.

Running Cycle에 맞추어 구동장치(Motor 외)의 감속비를 설정하고 이에 약 2~3배 정도의 여유율을 줄 수 있도록 Invertor 또는 별도의 감속장치를 설계하므로, 열처리 공정 없이 설계되는 경우 추후 사용자와 제작자 간에 분쟁이 발생할 수 있는 소지가 된다. 따라서 연속로 제작 시에는 무엇보다도 우선하여 피열물의 열처리 공정 자료를 기준으로 전기로의 설계가 이루어질 수 있도록 신경을 써야 할 것이다.

9.3 전기로 사용상의 주의점

(1) 사용 개시 전의 Drying Out 시행

새로 제작된 로나 장시간 운전하지 않은 전기로에는 단열재와 발열체 등에 습기와 수분을 함유하고 있어 급가열 또는 정상 운행 시에 많은 부작용(내화재의 균열 및 발열체의 산화 및 Brittle 현상 등)이 뒤따른다. 따라서 정상 조업 전에는 반드시 Drying Out 과정을 거쳐 수분을 제거시켜야 한다. Drying Out Schedule은 로의 사용온도마다 틀리지만 보편적으로 450°C에서 600°C사이에서 약 3~4시간 정도 유지되며, 이때 승온 속도(Heat Up Rate)는 가능하면 서서히 올려주는 것이 바람직하다.

(2) 연속운전(가동)의 추진

한 번 승온시킨 전기로를 정지하고 냉각시키면 승온에 필요했던 전력이 낭비될 뿐만 아니라 爐 내의 내화재와 발열체의 수명도 단축시킨다. 예를 들어 순금속 발열체인 Molybdenum은 장시간 사용 후 냉각하면 변형 및 손상을 일으켜 사용할 수 없는 경우가 종종 발생한다. 또한 환원 분위기 가스 로에서의 폭발사고는, 전기로를 시동 정지시킴에 있어서 가스를 치환하는 과정에 일어나는 예가 압도적으로 많기 때문에, 시동 및 정지횟수를 최소화하도록 신중히 고려해야 한다. 일반적으로 조업현장에서 사용하는 연속로는 연휴 및 휴가철에도 전기로를 정지시키지 않고 저온에서 유지시킴으로써 정지횟수를 최소화시키는 현명한 방법을 쓰고 있다.

(3) 누전방지

내화재, 단열재는 일반적으로 1000°C 이상의 고온이 되면 이차적으로 전기저항이 감소한다. 그 때문에 외부 접점부와 누설 전류를 항상 조사하고 동시에 고온 내벽은 발열체를 통하여 충전될 수 있음을 고려하여 취급하여야 한다.

(4) 정기점검의 시행

전기로는 고온에서 장시간 사용하므로 조업 중에는 내부 점검을 할 수 없기 때문에 내부의 손실 마모가 진행되고 있어도 쉽게 알아차릴 수가 없다. 이러한 상태로 방치할 경우 결국에는 내부 내화물 붕괴 및 치구의 간섭으로 인해 전기로 자체를 사용할 수 없는 경우가 발생하기도 한다. 따라서 연속작업의 로인 경우에는 철저한 정기점검 작업을 하여야 한다. 특히 주야간 연속 사용인 무인운전의 전기로인 경우 작업자가 주야별로 정기점검을 빠트리지 않고 하도록 주의하여야 한다. 정기점검의 작업으로는 예로, 전기로 구간별 전류량을 시간별 또는 주야간별로 일지에 기록하여 점검하는 경우와 발열체의 단자부 접점상태를 확인하여주는 등 여러 가지가 있다.

(5) 내화재, 발열체 및 기타 소재의 수명 관리

고온에서 사용하는 내화재 및 비금속 발열체 등은 그 수명이 전기로의 Running Cost를 좌우하는 경우가 많다. 그만큼 내화재 및 발열체 등 주요소재는 가격이 비싸고 또한 불량상태에 따라 교체 작업으로 인한 시간소요가 적잖게 걸린다. 따라서 내화재 및 발열체의 특성을 사전에 인지하여 분위기 및 피열물의 휘발성 물질 등에 따라 손상되는 것을 사전에 방지하여야 하며, 고온에서 사용되는 특수 내화물재(붕판 대판 갑봉 외)는 사전에 마모손상 및 열 충격으로 인한 파손 등을 방지할 수 있는 조치를 취해야 할 것이다.

전기로개론

초 판 발 행 2014년 2월 27일
초 판 2 쇄 2021년 12월 1일

저　　　자 박도성, 양성우
펴　낸　이 김성배
펴　낸　곳 도서출판 씨아이알

책 임 편 집 이민주
디　자　인 김나리, 임하나
제 작 책 임 김문갑

등 록 번 호 제2-3285호
등　록　일 2001년 3월 19일
주　　　소 (04626) 서울특별시 중구 필동로8길 43(예장동 1-151)
전 화 번 호 02-2275-8603(대표)
팩 스 번 호 02-2265-9394
홈 페 이 지 www.circom.co.kr

I S B N 979-11-5610-021-8 93550
정　　　가 20,000원